给水排水工程专业设计丛书

主编 崔福义

普通高等教育土建学科专业"十五"规划教材
高等学校给水排水工程专业指导委员会规划推荐教材

水源工程与管道系统设计计算

杜茂安 韩洪军 主编
许秉和 主审

中国建筑工业出版社

图书在版编目（CIP）数据

水源工程与管道系统设计计算/杜茂安，韩洪军主编．—北京：中国建筑工业出版社，2005（2024.11重印）

（给水排水工程专业设计丛书．普通高等教育土建学科专业"十五"规划教材．高等学校给水排水工程专业指导委员会规划推荐教材）

ISBN 978-7-112-07510-2

Ⅰ．水… Ⅱ．①杜…②韩… Ⅲ．①城市—供水水源—设计计算②给水管道—设计计算 Ⅳ．TU991

中国版本图书馆 CIP 数据核字（2005）第 075301 号

普通高等教育土建学科专业"十五"规划教材
高等学校给水排水工程专业指导委员会规划推荐教材
水源工程与管道系统设计计算
杜茂安　韩洪军　主编
许秉和　主审

*

中国建筑工业出版社出版、发行（北京西郊百万庄）
各地新华书店、建筑书店经销
北京鸿文瀚海文化传媒有限公司制版
建工社（河北）印刷有限公司印刷

*

开本：787×960 毫米　1/16　印张：12¾　插页：1　字数：260 千字
2006 年 3 月第一版　2024 年 11 月第五次印刷
定价：**40.00** 元
ISBN 978-7-112-07510-2
（42518）

版权所有　翻印必究
如有印装质量问题，可寄本社退换
（邮政编码　100037）

本书主要阐述城市水源工程与管道系统的设计原理与计算方法。内容包括水源工程、给水管网、给水泵站、排水管网、排水泵站、工程技术经济。书中主要对上述内容的基础理论和设计、计算等作了全面、系统的阐述,并进行了设计计算,对工程技术经济的比较原理、方法作了介绍。

本书可作为高等学校给水排水专业和环境工程专业本科毕业设计指导用书,也可供上述专业的工程技术人员在设计、施工和运行管理中参考使用。

* * *

责任编辑:刘爱灵
责任设计:赵　力
责任校对:刘　梅　王金珠

给水排水工程专业设计丛书

主　　　编：崔福义

编委会成员(以姓名笔画为序)：

　　　　　李玉华　李伟光　杜茂安

　　　　　袁一星　崔福义　韩洪军

前　言

自从有了人类的生活和生产活动,人类活动就受控于水的自然循环和社会循环所产生的水量和水质。20 世纪以来,由于人口增长和工农业生产的快速发展,加剧了这种影响,水已成为 21 世纪最有争议的城市问题。据联合国预测,21 世纪全世界将有 10 多亿人得不到清洁的饮用水,约 10 亿人缺乏公共用水卫生设施。由于水资源短缺而给人们生活和经济方面的损失是十分巨大的。随着城市规模的不断扩大和人口的增加,水环境污染又成了一个重要问题。

我国的水资源总量不少,但人均占有水量约为 $2300m^3/a$,列世界第 112 位,不足世界人均占有水量的 1/4。而且我国水资源时空分布极不均匀,可利用水资源量占天然水资源量的比重较小,水环境污染普遍较严重,水的浪费现象也十分严重。这些因素的综合结果形成我国可利用的水资源日益短缺,已被联合国列为 13 个水资源贫乏的国家之一。

城市水源工程与管道系统工程的建设是一项系统工程,包括工程的前期立项和环境影响评价、工程的设计与建设资金的筹措等。为了设计好、建设好城市水源工程与管道系统工程,需要在项目的立项和设计各个环节充分了解工作内容、要求和计算方法,掌握必要的专业知识,使工程建设达到预期的效果,实现良好的经济效益、环境效益和社会效益。

本书主要是为给水排水工程专业和环境工程专业的本科生、研究生以及设计人员、运行管理人员而编写的。全书注意吸收城市水源工程与管道系统工程的新理论和新技术,同时,力求理论与设计施工、维护管理相结合。编写时,参考了全国高等学校给水排水工程专业教学指导委员会制定的教学基本要求和编者所在学校的教学大纲。全书编写的指导思想是简明、准确、方便、实用,以满足实际设计的需要为原则,具有相当的实用性。

本书编写分工如下:杜茂安,第 1 章;杜茂安、宫曼丽,第 2 章;杜茂安、时文歆,第 3 章;袁一星、高金良、许国仁,第 4 章;张景成,第 5 章;李欣,第 6 章;韩洪军,第 7 章;孙晓平,第 8 章;王虹,第 9 章和第 10 章。全书由杜茂安、韩洪军统稿。

本书可作为高等学校给水排水工程专业和环境工程专业的教学用书,也可供给水排水工程专业和环境工程专业的设计人员、运行管理人员参考使用。由于编者水平所限,书中错误之处,敬请读者批评指正。

目 录

前言
第1章 水源工程与管道系统设计原始资料及基建程序 ………………… 1
  1.1 水源工程与管道系统设计资料 …………………………………… 1
    1.1.1 设计资料 ……………………………………………………… 1
    1.1.2 现场查勘 ……………………………………………………… 3
  1.2 水源工程和管道系统基本建设程序 ……………………………… 3
    1.2.1 前期准备阶段 ………………………………………………… 3
    1.2.2 设计阶段 ……………………………………………………… 4
    1.2.3 施工阶段 ……………………………………………………… 5
    1.2.4 施工验收、交付使用阶段 …………………………………… 5
第2章 地下水取水设计 ………………………………………………………… 6
  2.1 地下水取水设计特点 ……………………………………………… 6
    2.1.1 地下水水源特点 ……………………………………………… 6
    2.1.2 地下水取水构筑物种类 ……………………………………… 6
  2.2 管井设计的内容和要求 …………………………………………… 7
    2.2.1 管井设计内容 ………………………………………………… 7
    2.2.2 管井构造和设计要求 ………………………………………… 7
  2.3 管井设计计算 ……………………………………………………… 9
    2.3.1 设计资料 ……………………………………………………… 9
    2.3.2 管井设计计算 ………………………………………………… 10
  2.4 井群位置设计与布置 ……………………………………………… 15
    2.4.1 井群位置设计 ………………………………………………… 15
    2.4.2 井群平面布置 ………………………………………………… 15
  2.5 井群设计计算 ……………………………………………………… 16
    2.5.1 设计资料 ……………………………………………………… 16
    2.5.2 井群设计计算 ………………………………………………… 17
第3章 地表水取水设计 ………………………………………………………… 20
  3.1 水源和取水构筑物 ………………………………………………… 20
    3.1.1 地表水取水设计特点 ………………………………………… 20
    3.1.2 取水工程设计标准 …………………………………………… 20

3.1.3 取水水源选择 ………………………………………………… 22
　　3.1.4 取水构筑物位置选择 …………………………………………… 23
3.2 地表水取水构筑物 ………………………………………………… 24
　　3.2.1 地表水取水构筑物类型 …………………………………………… 24
　　3.2.2 岸边式取水构筑物 …………………………………………… 24
　　3.2.3 河床式取水构筑物 …………………………………………… 25
　　3.2.4 取水构筑物形式选择 …………………………………………… 26
3.3 岸边式取水构筑物设计计算 …………………………………………… 27
　　3.3.1 设计资料 …………………………………………… 27
　　3.3.2 岸边式取水构筑物设计计算 …………………………………………… 27
3.4 河床式取水构筑物设计计算 …………………………………………… 32
　　3.4.1 设计资料 …………………………………………… 32
　　3.4.2 河床式取水构筑物设计计算 …………………………………………… 32

第4章 给水管网工程设计 …………………………………………… 38
4.1 设计任务书 …………………………………………… 38
　　4.1.1 给水管网的特点 …………………………………………… 38
　　4.1.2 给水管网定线原则 …………………………………………… 38
　　4.1.3 给水管网设计资料 …………………………………………… 39
　　4.1.4 给水管网定线说明 …………………………………………… 44
4.2 用水量计算 …………………………………………… 45
　　4.2.1 用水量标准 …………………………………………… 45
　　4.2.2 最高日用水量计算 …………………………………………… 46
4.3 给水管网水力计算 …………………………………………… 49
　　4.3.1 节点流量计算 …………………………………………… 49
　　4.3.2 给水管网流量分配 …………………………………………… 50
　　4.3.3 给水管网管径的确定 …………………………………………… 51
　　4.3.4 树状网水力计算 …………………………………………… 57
　　4.3.5 环状网水力计算 …………………………………………… 59
4.4 输水管水力计算 …………………………………………… 70
4.5 给水系统优化调度与控制基础 …………………………………………… 72
　　4.5.1 给水系统的优化调度 …………………………………………… 72
　　4.5.2 给水系统的微观数学模型与宏观数学模型 …………………………………………… 73

第5章 给水泵站工程设计 …………………………………………… 74
5.1 给水泵站的类型 …………………………………………… 74
　　5.1.1 给水泵站的分类 …………………………………………… 74

5.1.2 泵站设计流量与扬程 …………………………………………………… 74
5.2 水泵选择 ……………………………………………………………………… 75
　　5.2.1 最不利工况 ……………………………………………………………… 75
　　5.2.2 减少能量的浪费 ………………………………………………………… 77
　　5.2.3 水泵选择 ………………………………………………………………… 79
5.3 水泵机组的布置 ……………………………………………………………… 81
　　5.3.1 水泵机组布置的基本要求 ……………………………………………… 81
　　5.3.2 水泵机组布置形式 ……………………………………………………… 82
　　5.3.3 水泵机组基础设计 ……………………………………………………… 83
5.4 给水泵站的设计计算 ………………………………………………………… 84
　　5.4.1 吸水管路和压水管路设计计算 ………………………………………… 84
　　5.4.2 水泵的校核与复核 ……………………………………………………… 87
　　5.4.3 泵站的辅助设施计算 …………………………………………………… 87
5.5 给水泵站平面设计 …………………………………………………………… 88
　　5.5.1 泵房平面布置 …………………………………………………………… 88
　　5.5.2 泵站总体布置 …………………………………………………………… 89

第6章 排水管网工程设计

6.1 设计任务书 …………………………………………………………………… 91
　　6.1.1 设计任务 ………………………………………………………………… 91
　　6.1.2 城市总体规划 …………………………………………………………… 92
　　6.1.3 水文地质及气象资料 …………………………………………………… 93
　　6.1.4 城区地面覆盖情况和受纳水体现状 …………………………………… 93
　　6.1.5 其他资料 ………………………………………………………………… 94
6.2 设计方案的选择 ……………………………………………………………… 94
　　6.2.1 设计依据 ………………………………………………………………… 94
　　6.2.2 排水系统体制的选择 …………………………………………………… 95
　　6.2.3 排水系统设计方案的确定 ……………………………………………… 96
6.3 排水管网定线原则 …………………………………………………………… 99
　　6.3.1 排水系统的规划设计原则 ……………………………………………… 99
　　6.3.2 排水管网定线原则 ……………………………………………………… 100
　　6.3.3 排水管线的定线说明 …………………………………………………… 100
6.4 污水管网水力计算 …………………………………………………………… 101
　　6.4.1 A方案污水管网水力计算 ……………………………………………… 101
　　6.4.2 B方案污水管网水力计算 ……………………………………………… 103
　　6.4.3 污水管网结果分析 ……………………………………………………… 104

6.5 雨水管网水力计算 ··· 105
6.5.1 主要设计参数确定 ··· 105
6.5.2 汇水面积计算 ··· 106
6.5.3 雨水管道水力计算 ··· 107
6.6 合流制管道系统的水力计算 ··· 107
6.6.1 主要设计数据的确定 ··· 107
6.6.2 合流管渠的水力计算 ··· 108
6.7 管道管材、接口、基础和附属构筑物 ··· 110
6.7.1 管道管材、接口、基础 ··· 110
6.7.2 附属构筑物 ··· 111

第7章 排水泵站工程设计 ··· 113
7.1 排水泵房的类型 ··· 113
7.1.1 圆形泵房和矩形泵房 ··· 113
7.1.2 干式泵房和湿式泵房 ··· 114
7.1.3 自灌式泵房和非自灌式泵房 ··· 115
7.1.4 合建式泵房和分建式泵房 ··· 115
7.1.5 半地下式泵房和全地下式泵房 ··· 116
7.2 泵站管道系统的设计计算 ··· 117
7.2.1 预选水泵型号 ··· 117
7.2.2 水泵设计流量与扬程 ··· 118
7.3 集水井计算 ··· 120
7.4 泵站的附属设施计算 ··· 121
7.4.1 格栅计算 ··· 121
7.4.2 其他附属设施计算 ··· 122
7.5 排水泵房平面设计 ··· 123
7.5.1 泵房平面布置 ··· 123
7.5.2 管道平面布置 ··· 124

第8章 技术经济评价 ··· 126
8.1 建设项目投资估算 ··· 126
8.1.1 投资估算的内容 ··· 126
8.1.2 投资估算的编制方法 ··· 126
8.1.3 投资估算编制实例 ··· 128
8.2 经济评价 ··· 128
8.2.1 财务评价 ··· 128
8.2.2 财务评价指标 ··· 130

8.2.3　不确定性分析 ·· 133
　　8.2.4　国民经济评价 ·· 134
　　8.2.5　经济评价编制实例 ·· 134
8.3　方案比较 ·· 137
　　8.3.1　供水水源方案的比较 ·· 137
　　8.3.2　配水工程方案的比较 ·· 139

第9章　规程与法规专篇设计 ·· 141
9.1　环境保护 ·· 141
　　9.1.1　环境质量现状 ·· 141
　　9.1.2　设计依据及采用标准 ·· 141
　　9.1.3　环境保护措施 ·· 142
9.2　节能 ·· 144
9.3　消防 ·· 145
9.4　建设用地 ·· 145
9.5　抗震 ·· 146
9.6　劳动安全、卫生 ·· 146

第10章　管理机构、建设进度安排及项目招标设计 ················ 149
10.1　管理机构及人员编制 ·· 149
　　10.1.1　管理机构 ·· 149
　　10.1.2　人员编制 ·· 149
10.2　建设进度安排 ·· 152
10.3　工程招标 ·· 153
10.4　水质检验 ·· 153
10.5　主要材料设备 ·· 154

附录 ·· 156

参考文献 ·· 189

依据主要规范、规程、规定及标准 ·· 190

第1章 水源工程与管道系统设计原始资料及基建程序

1.1 水源工程与管道系统设计资料

1.1.1 设计资料

1. 地下水水源工程设计资料收集

大、中型地下水水源工程，在可行性研究阶段，应探明所在地区所有地下水资源，或根据1/100000农田水文地质勘察报告，进行分析和评价，选定合适的取水水源。在初步设计阶段，应对已选定的取水地区进行地质勘探和抽水试验，并提供水文地质初步勘察报告。在施工图设计阶段，在初勘的基础上再深入工作，提出水文地质详勘报告，为取水构筑物设计提供依据。通常可将勘察井作为生产井要求施工。小型地下水水源工程如没有条件提供水文地质勘察报告，可根据已掌握的水文地质资料，布置勘探生产井，取得资料作为设计依据。

除必须提供的取水地区水文地质勘察报告外，尚需收集的主要资料有：

(1) 水文气象资料

当地的水文气象资料，主要包括气温、湿度、降雨量、蒸发量、冻土深度、主导风向和频率等。

(2) 地质、地形资料

地质资料主要应有地质构造、含水层分布、厚度、埋深、岩性及颗粒组成、渗透系数和影响半径等。地形资料应有地形标高、取水地区范围、位置等。

(3) 地下水水文、水质资料

地下水水文资料包括地下水流向、补给水源，地下水类型、地下水水位变化幅度和规律性，各种贮量状况以及该地区地下水开采现状和开采动态。所在地区已建取水设施的运行情况和运行参数，对地下水水位的影响，开采漏斗的观测资料。水质资料指地下水水源水质分析资料。

(4) 地表水源情况

地表水源如河流、湖泊、水库等的分布和水文资料，包括流量、水深、水位、流速等，尤其是靠近河流取水时，河流枯水期水量、水位资料、水质资料等。

(5) 卫生防护

地下水长期开采可能造成的水质污染和污染源及卫生防护措施。

(6) 施工条件

取水地区地质、地形、运输、动力等对施工的影响及采取的措施等。

(7) 现有给水设施设计规模及存在主要问题等

城镇概况包括城镇性质、人口、占地面积及近、远期规划资料。

2. 地表水水源工程设计所需要资料

(1) 水文资料

水文资料应为10~15年以上的实测资料,其内容包括:

1) 流量应为历年逐月最大,最小流量和平均流量;

2) 水位为历年逐月最高、最低和常水位;水库作为水源时应有水库的水位容积曲线、死库容水位、兴利库容水位、最高溢洪水位及洪峰的水位过程曲线等;

3) 波浪包括波峰、波长和相应的风向、风速和吹程;

4) 流速为最大、最小和平均流速。

(2) 水质资料

水质资料包括:最高和最低水温;封冻和解冻日期、冰层厚度、冰冻期水位、冰凌、冰絮情况;河流中泥砂分布、含量、运动资料;漂浮物如水生植物、浮游生物的繁殖和生长季节及数量;河流冲刷、淤积情况;河床演变情况;污水排入情况;河流水质分析资料。

(3) 地形资料

地形资料包括取水流域地形图;河道地形图;历年河道地形变迁图;取水构筑物位置、水下河床地形图及河床断面图。

(4) 地质资料

地质资料包括取水构筑物所在区域的地质图、取水头部和泵房范围内的地质剖面图及地层岩性、地质构造、地基土壤的物理力学性质,工程地质勘察报告。

(5) 其他资料

其他资料包括地震情况,河床中码头、桥梁等构筑物对水流条件的影响,堤坝资料及河流综合利用规划,航运情况,施工条件等。

3. 管道系统设计所需资料

(1) 城市现状、规划资料、道路断面图

1) 城市总体规划图和给水规划图、排水规划图及说明书;

2) 城市现状图和地形图(比例 1/5000~1/10000),枢纽工程地形图(比例 1/500~1/1000);

3) 管道纵断面图及地形带状图。

(2) 给水设施资料

1)给水现状资料包括给水管网布置、管径、管材、供水范围、水压、水量、水质等及存在问题;

2)管道系统上的设施布置、调节构筑物形式及其调节能力等。

(3)排水设施资料

1)排水现状资料,包括排水管网布置、管径、管材、长度、坡度、管内底标高、水量等及存在问题;

2)管网排水体制、排水泵站水量规模及设计图纸等。

1.1.2 现场查勘

工程设计人员深入设计现场,了解现场实际情况,进一步搜集在前期工作中没有了解的资料,提出切实可行的设计方案。

1. 查勘的目的

(1)熟悉、了解现场实际情况;

(2)搜集和核对资料;

(3)查勘现场,选择水源,确定取水点,管网定线和水厂及泵站位置;

(4)取得有关协议,如供电、水厂、水源泵站、中途加压泵站、高位水池、水源地、输水管线等征地及建设资金落实等协议;

(5)提出初步方案,征求当地有关部门意见等;

(6)取得水利、道路、铁路、消防、环保等有关部门对设计的具体要求等。

2. 现场查勘的步骤

(1)熟悉设计任务书的要求和内容;

(2)查看搜集的相关资料,列出不清楚、有疑问的问题;

(3)制定现场查勘的内容与计划;

(4)听取现场所在地有关部门情况介绍和项目建议的意见;

1.2 水源工程和管道系统基本建设程序

水源工程和管道系统的基本建设程序和其他市政工程一样,一般分为以下几个阶段:

1.2.1 前期准备阶段

1. 项目建议书

项目建议书是由建设单位或建设单位委托设计院编制的,根据建设项目规模向国家有关部门提出的建设文件,内容包括:项目建设的必要性和依据;工程建设内容、拟建规模、地点、资源情况、建设条件;投资估算和资金筹措;项目进度安排;

经济与社会效益初步估计等。大型复杂工程项目建议书还应以预可行性研究为依据。

项目建设书被审查批准后,可进行可行性研究。

2. 可行性研究

可行性研究是在已获批准的项目建议书基础上深入研究,从技术上与经济上进行综合分析、论证和评价。通过方案技术、经济比较,对技术上先进、经济上合理的最佳方案作出可行性研究报告。内容包括:总论,项目提出的背景,建设的必要性和经济意义,可行性研究报告的编制过程、范围和依据;需求水量预测和拟建工程规模,产品质量达到标准和目标;资源、燃料、动力及公共设施情况;建厂条件与厂址选择;设计方案比较;水源保护方案;管理机构、劳动人员编制;专门篇章设计。建设项目的计划安排和进度要求;投资估算和资金筹措;财务及工程效益分析;结论与建议。

可行性研究需由建设单位委托有资格的勘察设计单位编制。编制过程中所涉及的与建设项目有关的如工程地质、环境评价报告等,由建设单位委托有关单位提出,并提供建设项目所需的原材料、供水、供电等有关意见或协议书。

3. 计划任务书

计划任务书,又称设计任务书,是编制设计文件的主要依据。它是在可行性研究的基础上以最优方案编制而成的。计划任务书的内容基本上同可行性研究报告,但比可行性研究报告内容更具体、更深入。在编制计划任务书时,建设地点应确定。设计任务书常以可行性研究报告代替。

1.2.2 设计阶段

可行性研究报告经有关部门批准后即可进行设计工作。一般建设项目,按初步设计(亦称扩大初步设计)和施工图设计两个阶段进行。

1. 初步设计

初步设计是根据可行性研究报告及其批件提出的内容和要求,进行设计计算,做出初步的设计。初步设计文件主要由设计说明书,包括厂站枢纽工程位置、管道材料、工艺流程、设备选型的方案技术经济比较,设计规模确定的依据及详细计算,管线走向、定线位置的技术经济比较以及专门篇章设计;设计计算书(一般由设计院存档)、设计主要图纸,工程总概算、主要材料明细表和设备表等组成。设计说明书应就设计的指导思想、工艺流程、设备选型、主要建(构)筑物及辅助设施、占地面积、劳动定员、建设工期、主要技术经济指标等加以说明。设计计算书应就设计水量、投药量、消毒剂投量、各种构筑物及设备容积、面积、高度以及管道规格、长度等进行计算。

经有关主管部门批准的初步设计,是控制建设项目投资额度(投资不允许超过可行性研究投资估算的15%)、进行施工图设计、设备订货、施工准备等的依据。

2. 施工图设计

施工图设计是在初步设计的基础上,进一步深化设计,以满足施工、制造、安装等的需要。

给水工程施工图设计内容包括:水源工程平面布置图;取水构筑物和取水泵站平、立、剖面图;城市给水工程总平面布置图、管网节点图、管道纵断面图;水厂各建(构)筑物平、立、剖面图;工艺流程和系统图;水厂平面、高程布置图;局部构造详图、设备布置详图、安装施工详图、非标准设备详图、各类设备和材料明细表等。

根据施工图编制的施工图预算是编制施工招投标的依据。施工图预算原则上不得超过已批准的初步设计概算。

1.2.3 施工阶段

施工阶段包括:制定年度计划,施工准备、组织施工和生产准备。

批准的年度计划是进行工程建设项目拨款和贷款的主要依据,因此,年度建设规模应适当。

施工准备是进行建设项目所需的主要设备和材料的招标订货,修建临时生产、生活设施,建设场地的"三通一平"等工作。

组织施工是按照年度计划要求,根据施工图和施工组织设计,将设计变成实物——建(构)筑物或辅助设施等,供人们生产或生活。因此,施工中应严格按照设计图纸和施工验收规程,由施工监理单位进行施工质量监督,确保工程质量。对不同的工程内容可划分成不同的招标段组织施工招标。

生产准备是建设项目正式投产前的预备工作。准备工作主要有:管理和生产机构的建立,管理和生产规章制度、规程的制定,职工培训,原材料、燃料等供货和产品销售协议等。

1.2.4 施工验收、交付使用阶段

建设项目完工后,施工单位应提出竣工报告及竣工图,经过联合试运行,由有关主管部门组织建设单位、施工单位、设计单位、监理单位、贷款银行、工程质量检查监督、劳动安全、环保等部门进行工程验收。验收合格并签发验收证书后方能交付正式使用。

第2章 地下水取水设计

2.1 地下水取水设计特点

2.1.1 地下水水源特点

地下水资源被广泛地应用于城镇居民生活用水、工业用水和农业用水。我国《室外给水设计规范》(GBJ 13—86)(1997年版)中明确规定:符合要求的地下水,宜优先作为生活饮用水的水源,这是因为地下水具有以下优点:

从生物或有机物角度看水质,地下水一般较地表水为优。

从化学角度看,水中溶解性固形物含量,一般地下水高于地表水。溶解性固形物有的对人体有益,有的则有害,有些在数量上又有要求,应根据具体情况进行分析。

地下水处理工艺简单,所需处理构筑物少,占地面积少,投资省,维护费用低。

水温年变化幅度小,生活用水使用方便,冷却用水效率高。

地下水便于靠近用户和分期修建。

2.1.2 地下水取水构筑物种类

地下水取水构筑物种类和适用条件见表2-1。

地下水取水构筑物种类和适用条件 表2-1

种类	井径	井深	适用条件	出水量
管井	100~800mm 常用300~500mm	10~150m 常用100m以内	1. 适于任何砂层、卵石层、砾石层、构造裂隙、岩溶裂隙含水层; 2. 一般不受含水层埋深限制; 3. 含水层厚度一般应在5m以上	单井出水量一般在500~3000m³/d,最大可达8000m³/d以上
大口井	4~12m,常用6~8m	在20m以内,常用6~15m	1. 含水层一般在5~15m,埋深一般在10m以内; 2. 适于任何砂、卵、砾石层,渗透系数最好在20m/d以上; 3. 多采用井壁和井底同时进水; 4. 中小城镇、铁路、农村采用较多	单井出水水量一般在500~10000m³/d,最大为20000~30000m³/d

续表

种类	井径	井深	适用条件	出水量
辐射井	同大口井	同大口井	1. 含水层最好为中粗砂或砾石； 2. 宜于开采水量丰富，含水层较薄的地下水或河床渗透水； 3. 同大口井	单井出水量一般为 $5000\sim50000 m^3/d$
渗渠	管径为 $400\sim1000mm$，常用 $600\sim800mm$	在7m 以内，常用 $4\sim6m$	1. 埋藏较浅，一般在2m 以内，厚度较薄，一般在 $4\sim6m$； 2. 适于中粗砂；砾石层和卵石层	出水量一般为 $5\sim20m^3/(m\cdot d)$，最大为 $50\sim100m^3/(m\cdot d)$

注：地下水取水构筑物水量变化极大，受气候、水文地质条件、补给源充分与否等影响很大。

2.2 管井设计的内容和要求

2.2.1 管井设计内容

1. 井位布置图

管井施工图设计应包括井位布置图，在图中应该详细确定井的位置。作为生活饮用水的水井，应有管井卫生防护的要求。管井布置在城市地下水源水质好的富水地段，井群垂直地下水流方向，根据近、远期规划考虑分期建设，并保证安全供水布置井群。

2. 确定井的形式

根据水文地质资料，确定井的形式，完整井还是非完整井、管井构造、设计井的尺寸等。

3. 井的出水量和水位降深计算

根据水文地质资料，进行管井出水量和水位降深计算。要考虑冬季及夏季的静水位变幅、动水位降深。井群同时抽水总干扰值、水跌值及长期开采水位降等。

4. 管井构造设计

根据确定的管井形式、构造和尺寸，进行管井的各部构造设计。

5. 选择抽水设备

根据井的出水量和水位降深，选择效率高、使用寿命长的抽水设备。

2.2.2 管井构造和设计要求

管井由井室、井管、过滤器和沉淀管组成，各部构造和设计要求如下：

1. 井室

井室形式分为地面式、半地下式、地下式3种。三种结构形式采用深井泵、潜水泵两种设备,目前采用深井潜水泵居多。通常采用半地下式。井室应满足防水、防潮、采光、采暖、通风的要求。井口应高出地面 0.3~0.5m。井室平面尺寸 3.5~4.5m 居多,井室深为 2~3m,井室平面布置占地 20m×20m。设计考虑 2~3 代井位置。

2. 井管

井管管材为钢管或球墨铸铁管。钢管适于任何井深,铸铁管一般适于井深在 250m 以内的管井。井管连接采用管箍、丝扣或法兰。采用非金属井管的管井井深一般在 150m 以内。井管内径应大于深井泵或深井潜水泵最大外径 100mm。

3. 过滤器

(1) 在稳定性好的溶岩、裂隙岩含水层,可不设井管和过滤器。

(2) 在不稳定的裂隙岩层、松散碎石、砂卵石含水层中,可采用圆孔或条孔过滤器。

(3) 在中、粗砂、砾石含水层可采用穿孔球墨铁管和钢筋骨架缠丝过滤器。

(4) 在细砂、中砂、粗砂和砾石含水层中,可在缠丝过滤器外装填满足一定级配要求的砾石,称为填砾过滤器,其厚度随含水层粒径不同而不同,一般为 200~300mm。填砾规格和缠丝间距见表 2-2。

填砾规格和缠丝间距 表 2-2

含水层类型	筛 分 结 果		填砾粒径(mm)	缠丝间距(mm)
	颗粒粒径(mm)	(%)		
卵 石	>3	90~100	24~30	5
砾 石	>2.25	85~90	18~22	5
砾 砂	>1	80~85	7.5~10	5
粗 砂	>0.75	70~80	6~7.5	5
	>0.5	70~80	5~6	4
中 砂	>0.4	60~70	3~4	2.5
	>0.3	60~70	2.5~3	2
	>0.25	60~70	2~2.5	1.5
细 砂	>0.2	50~60	1.5~2	1
	>0.15	50~60	2.1~1.5	0.75
粉 砂	>0.1	50~60	0.75~1	0.5~1.75

缠丝材质可为镀锌铁丝、铜丝、不锈钢丝、尼龙丝等。目前也有综合填料过滤器、贴粒过滤器等。

4. 沉淀管

沉淀管长度与井深和水中含砂量有关,一般为 2~10m。井深与沉淀管长度的关系见表2-3。

井深与沉淀管长度的关系　　　　　　　　　　表 2-3

井深 (m)	沉淀管长度(m)
16~30	>2
31~90	>5
>90	>10

2.3 管井设计计算

2.3.1 设计资料

1. 设计任务

东北地区某市地下水源井,供生活饮用与生产需要,单井出水量 $Q=3000\text{m}^3/\text{d}$,出口压力 $H=2.0\text{kg/cm}^2$。

2. 设计资料

(1) 水文地质钻孔柱状图,见表2-4所示;
(2) 抽水试验资料,见表2-5所示;
(3) 地下水符合饮用水卫生规范,水质化验资料从略;
(4) 该地区某市冰冻深度1.5m。

水文地质钻孔柱状图　　　　　　　　　　表 2-4

工程名称:某厂水源　　钻孔编号:<u>101</u>　　钻孔深度:<u>60</u> m　　孔径:<u>500</u>mm

层次	地层描述	柱状图	厚度(m)	深度(m)	层底标高(m)	静水位(m)
1	腐植土		1.00	1.00	135.00	
2	黄褐色黏质砂土		9.90	10.90	125.10	120.90
3	黄褐色黏土,塑性较大		14.60	25.50	110.50	
4	细砂:粒径>0.1mm占75%		4.70	30.20	105.80	
5	黏土:同上		10.10	40.30	95.70	
6	中粗砂:粒径0.5mm超全重75%		14.20	54.50	81.50	
7	黏土		未穿透			

钻孔抽水试验资料 表 2-5

抽水日期及时间		抽水延续时间		静水位（m）	水位降值 S（m）	出水量 Q(L/s)	单位出水量 q (L/(s·m))
起	止	总计时数(h)	稳定时数(h)				
8月1日 12:00	8月2日 14:00	26.00	24.00	120.90	2.20	12.90	5.85
8月4日 14:00	8月5日 14:30	24.30	24.00	120.90	4.05	23.60	5.82
8月7日 14:00	8月8日 6:30	16.30	16.00	120.90	7.48	43.40	5.80

钻孔孔径：500mm； 影响半径：$R=400$m； 含水层厚度：$M=14.2$m； 静水位高度为海拔标高。

2.3.2 管井设计计算

1. 井的形式与构造

根据设计任务书给定的取水量和水源勘察资料，宜采用完整式管井。地层有两个含水层，由于上层含水层为细砂，厚度较薄，因此确定开采第二含水层。该层含水层由中粗砂组成，厚度为 14.2m，埋藏于 95.70～81.50m 标高处。拟定该井主要构造尺寸为：井深 60m、井孔直径 800mm、井管直径为钢管 $D351\text{mm}\times10\text{mm}$，采用填砾过滤器。

2. 井出水量与水位降落值

由抽水试验资料可知，出水量与水位降的关系曲线 Q—S 为直线型，见图 2-1。

由于抽水试验井与设计井井径不同，应用试井资料时需要进行修正。井出水量与井径关系采用以下经验公式：

$$\frac{Q_{大井}}{Q_{小井}}=\sqrt{\frac{D_{大井}}{D_{小井}}-0.021\left(\frac{D_{大井}}{D_{小井}}-1\right)}$$

式中 $Q_{大井}$——设计井出水量，m^3/d；

$Q_{小井}$——试验井出水量，m^3/d；

$D_{大井}$——设计井井孔直径，mm；

$D_{小井}$——试验井井孔直径，mm。

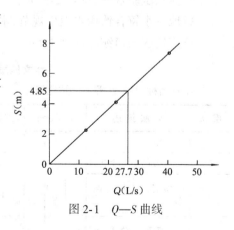

图 2-1 Q—S 曲线

设计中已知设计井单井出水量为 $3000\text{m}^3/\text{d}$，已确定设计井井径为 800mm，试验井井径为 500mm

$$\frac{3000}{Q_{小井}}=\sqrt{\frac{800}{500}-0.021\left(\frac{800}{500}-1\right)}$$

$$Q_{小井} = \frac{3000}{1.2523} = 2396 \text{m}^3/\text{d}$$

在承压含水层中井出水量与井径关系应按直线关系进行计算,计算中因井径较大,按直线关系进行计算与实际出入较大,为安全起见,仍按无压含水层所用经验公式计算。

根据 Q—S 曲线,$Q = 2396\text{m}^3/\text{d} = 27.7\text{L/s}$ 时,$S = 4.85\text{m}$。对于设计井,当 $S = 4.85\text{m}$ 时,$Q = 3000\text{m}^3/\text{d}$。

3. 选择抽水设备及确定安装高度

地下水埋藏深度较大,一般多选用潜水泵,也可采用深井泵为该水源抽水设备。

设计井出水量

$$Q = 3000\text{m}^3/\text{d} = 125\text{m}^3/\text{h} = 34.7\text{L/s}$$

设计井所需要扬程(见图2-2):

H = 水泵出口压力 + (出口压力管标高 - 井内动水位) + 泵房损失 + 安全水头

水泵出口压力 = $2.0\text{kg/cm}^2 = 20.0\text{m H}_2\text{O}$

泵房损失 = 2m

安全水头 = 1m

井内动水位 = 地下静水位 - 水位降落值
= 120.90 - 4.85 = 116.05m

井室采用半地下式泵房,压水管轴线标高为134.30m。

所需水泵扬程

$$H = 20.0 + (134.30 - 116.05) + 2 + 1 = 20.0 + 18.25 + 2 + 1 = 41\text{m}$$

根据 Q、H,选用 8JD—130 型深井水泵,其性能如下:

$Q = 36.1\text{L/s}$、3级时 $H = 43.5\text{m}$、轴功率 $N = 20.28\text{kW}$、配套电机功率为30kW、效率 $\eta = 76\%$、泵体最大外径为185mm、扬水管外径159mm。

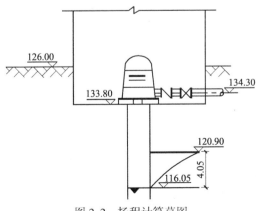

图2-2 扬程计算草图

4. 井管构造设计

(1) 井壁管和沉淀管多采用钢管或铸铁管,为防止泵房内污水从井口流入井内,井管管口高出泵房地面300mm,管口标高为134.10m。由柱状图得井壁管长度为:40.30-(136.0-134.10)=38.40m,沉淀管长度为5.50m。

井壁管与沉淀管采用外径$D=351$mm,壁厚$\delta=10$mm的热轧无缝钢管,管段用焊接连接。

(2) 过滤器采用热轧无缝钢管填砾过滤器,过滤器构造应根据含水层颗粒组成设计。含水层由中粗砂颗粒组成,其粒径大于0.5mm占全重的50%以上,其计算粒径$d_{50}=0.5$mm,填砾粒径为

$$D_{50}=(6\sim 8)d_{50}$$

式中 D_{50}——填砾砾石计算粒径,mm;

d_{50}——含水层颗粒计算粒径,mm;

$$D_{50}=(6\sim 8)0.5=3\sim 4\text{mm}$$

填砾厚度为$(800-350)\div 2=225$mm,填砾高度应考虑井投产后砾石继续下沉的可能,填砾高度应在过滤器顶端以上8.0m。

过滤器外径$D=351$mm,壁厚$\delta=10$mm,管壁上钻有$d=20$mm的孔,孔眼按梅花状布置,孔眼纵向间距(轴向)22.2mm,横向间距50.1mm,每周22个孔眼。钢管外用直径$\phi=6$mm的钢筋作垫筋,沿圆周分布,共21根。

因填砾粒径为3~4mm,缠丝间距应<3mm,用12#镀锌铁丝作为缠丝材料。

过滤器每节长度为3.55m,两端分别留出100mm、150mm死头(不带孔眼)供焊接、加工、安装用,根据含水层厚度过滤器共分4节。过滤器构造示意图如图2-3所示。

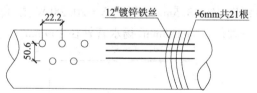

图2-3 过滤器构造示意图

沉淀管外围可用非级配砾石填充,过滤器外围用级配砾石填充,井壁管外围用优质黏土封闭。

5. 井室设计

井室采用半地下式井房,泵房净空高度5.0m,平面尺寸3.5m×4.5m。为便于井管、水泵安装及维修,屋顶设有1000mm×1000mm安装孔。

管井压水管管径为$DN250$mm,其上配置HH44X-10型$DN250$mm消声微阻缓闭逆止阀一个,Z41T-10型阀门一个。

为便于进行抽水试验和洗井排放废水,设置 $DN150\text{mm}$ 排水管,排水管上设 Z41T-10 型 $DN150\text{mm}$ 阀门一个。

为实现水量的自动监测,计量水表采用超声波流量计 KTUFTM 型,$DN250\text{mm}$,安装于室外离泵站 3.0m 的水表井中。

管井工艺布置示意见图 2-4。

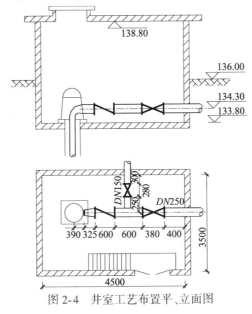

图 2-4 井室工艺布置平、立面图

井室平面布置占地 $20\text{m}\times20\text{m}$,四周有围墙高 $h=2.5\text{m}$,铁大门一座 $B=3\text{m}$,院内有道路 $B=4\text{m}$。

6. 含水层渗透稳定性的校核

填砾过滤器表面渗流速度

$$v=\frac{Q}{\pi DL}$$

式中 Q——所选水泵的抽水能力,m^3/d;

v——进入过滤器的实际渗流流速,m/d;

D——包括填砾厚度在内的钻孔孔径,m;

L——过滤器有效工作长度,m。

$$v=\frac{3120}{3.14\times 8\times 13.20}=94.1\text{m/d}$$

允许渗流速度

$$v_{允}=65\sqrt[3]{K}$$

式中 v——渗流速度,m/d;

K——渗透系数,m/d。

此处 K 值可用裘布依公式求定

$$K=\frac{Q\cdot \text{tg}\frac{R}{r}}{2.73\cdot m\cdot S}$$

式中 R——影响半径,m,与含水层颗粒组成有关,颗粒组成及影响半径的经验值见表2-6;单位出水量及影响半径 R 经验值见表2-7;

r——井半径,m;

S——水位降落值,m;

m——含水层厚度,m。

设计中取影响半径为400m,井半径为0.4m,水位降落值为4.85m,含水层厚度为14.2m,故含水层是稳定的。

$$K=\frac{3120\times \text{tg}\frac{400}{0.4}}{2.73\times 14.2\times 4.85}=49.78 \text{m/d}$$

$$v_{允}=65\sqrt[3]{49.78}=239>94.1\text{m/d}$$

颗粒组成及影响半径 R 经验值　　　　　表2-6

地 层	地 层 颗 粒		R 值(m)
	粒 径 (mm)	所占重量(%)	
粉 砂	0.05~0.10	>0 以下	25~50
细 砂	0.10~0.25	>70	50~100
中 砂	0.25~0.50	>50	100~300
粗 砂	0.50~1.0	>50	300~400
极粗砂	1~2	>50	400~500
小砾石	2~3		500~600
中砾石	3~5		600~1500
粗砂石	5~10		1500~3000

单位出水量及影响半径 R 经验值　　　　　表2-7

单位出水量[m³/(d·m)]	$q=Q/S$[L/(s·m)]	影响半径 R(m)
>7.2	>2.0	300~500
7.2~3.6	2.0~1.0	100~300
3.6~1.8	1.0~0.5	50~100
1.8~1.2	0.5~0.33	25~50
1.2~0.7	0.33~0.2	10~25
>0.7	<0.2	<10

2.4 井群位置设计与布置

2.4.1 井群位置设计

井群位置设计应选择以下区域：
(1) 颗粒粗、渗透性好，含水层厚，地下水补给条件好，开采贮量大，水质好的富水地段；
(2) 城镇地下水的上游、供电电源较近的地段；
(3) 尽可能靠近用户，且便于扩建水源的地段；
(4) 便于施工、运转管理和维护的地段；
(5) 不受洪涝灾害影响的地段等；
(6) 尽量不占或少占农田，不占好田。

2.4.2 井群平面布置

井群的位置在满足以上条件基础上，在布置时还应充分利用地形、地质条件，垂直于地下水流向布置。井群布置方向因集水方式而不同，集水方式分为虹吸集水和水泵集水。

虹吸集水适用于地下水源丰富、取水量小、地下静水位高、水位降落小、动水位在地面下 8.0m 以内采用。

在动水位大于 8.0m 或远距离输水时，一般采用水泵集水。以水泵集水的井群布置排列方式有以下 3 种：

1. 直线布置

傍河取水的井群，为吸取河流渗透补给水，一般沿河岸直线布置井群，地下水丰富时可采用双排平行布置，见图 2-5。

2. 梅花状布置

在水源丰富的厚承压水地区，井群一般采用梅花状布置，见图 2-6。

3. 扇形布置

在某些自流水盆地或大型冲洪积扇中取水时，井群往往采用扇形布置方式，见图 2-7。

4. 井群设计方案比较

供水井群设计一般应提出两套以上的方案，设计方案的选定应通过技术经济比较确定。

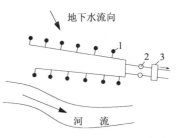

图 2-5 沿河岸布置的直线井群
1—管井；2—清水池；3—二泵站

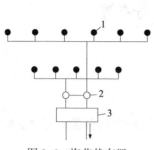

图 2-6 梅花状布置
1—管井;2—清水池;3—二泵站

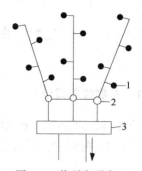

图 2-7 井群扇形布置
1—管井;2—清水池;3—二泵站

2.5 井群设计计算

2.5.1 设计资料

1. 水文地质资料

东北地区某市水文地质钻孔柱状图见本章第三节,两试井建于同一地区,间距为 250m,井径为 300mm。两试井单独抽水试验资料见表 2-8。

抽水试验资料　　　　　　　　　　　表 2-8

抽水次数	试 井 1				试 井 2			
	出水量 Q_1(L/s)	水位降值 S_1(m)	单位出水量 q_1[L/(s·m)]	2井抽水时1井水位削减值 t_1(m)	出水量 Q_2(L/s)	水位降值 S_2(m)	单位出水量 q_2[L/(s·m)]	1井抽水时2井水位削减值 t_2(m)
第一次抽水	10.60	1.70	6.24	0.26	10.50	1.69	6.21	0.27
第二次抽水	19.18	3.05	6.29	0.46	19.20	3.06	6.27	0.45
第三次抽水	32.00	5.11	6.26	0.79	32.20	5.15	6.25	0.80

2. 设计水量

某市设计水量为 17000m³/d,拟在试验井同一地区修建管井 5 眼,试验井待投产后也作为生产井,井群共 7 眼井,6 眼工作 1 眼备用(管井备用率一般为 10% ~ 20%),井径为钢管 $D351mm × 10mm$,井间距为 300m,与试验井一起成直线排列,垂直于地下水流方向布置,见图 2-8。影响半径为 650m。

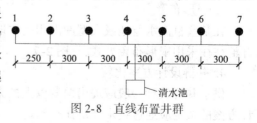

图 2-8 直线布置井群

2.5.2 井群设计计算

1. 管井形式与构造

管井形式与构造见本章 2.3。

2. 单井设计水量与水位降

单井设计水量为 3000m³/d,设计水位降为 5.53m,可由抽水试验 Q—S 曲线(见图 2-9)求出。

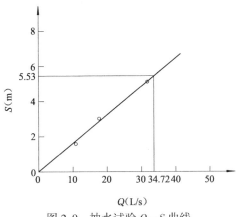

图 2-9 抽水试验 Q—S 曲线

3. 计算试验井出水量减少系数

第一次共同抽水试验时,试验井 1 的出水量减少系数

$$\alpha_1 = \frac{t_2}{S_1 + t_2}$$

式中 α_1——试井 1 出水量减少系数;

      t_2——试井 1 抽水时试井 2 水位削减值,m;

      t_1——试井 2 抽水时试井 1 水位削减值,m;

      S_1——试井 1 第一次抽水时水位降,m。

由表 2-8 可知,试井 1 抽水时试井 2 水位削减值 t_2 为 0.27m

$$\alpha_1 = \frac{0.27}{1.7 + 0.27} = 0.1371$$

第一次共同抽水试验时,试验井 2 的出水量减少系数

$$\alpha_2 = \frac{t_1}{S_2 + t_1}$$

式中 α_2——试井 2 出水量减少系数;

      S_2——试井 2 第一次抽水时水位降,m;

其余符号同上。

由表 2-8 可知，试井 2 抽水时试井 1 水位削减值 ι_1 为 0.26m

$$\alpha_2 = \frac{0.26}{1.69+0.26} = 0.1333$$

同样，第二次，第三次抽水试验时，两井出水量减少系数分别为：

$\alpha_1'' = 0.1306$　　$\alpha_2'' = 0.1307$　　$\alpha_1''' = 0.1354$　　$\alpha_2''' = 0.1335$

上述所求出水量减少系数较为接近，为安全起见，α_{250} 取其最大值

$$\alpha_{250} = \alpha_1 = \alpha_2 = 0.1371$$

井距不同时出水量减少系数修正计算

$$\alpha_{300} = \alpha_{250} \frac{\lg \frac{R}{300}}{\lg \frac{R}{250}}$$

式中　　α_{250}——井距 250m 时出水量减少系数；

　　　　α_{300}——井距 300m 时出水量减少系数；

　　　　R——影响半径，m。

$$\alpha_{300} = 0.1371 \frac{\lg \frac{650}{300}}{\lg \frac{650}{250}} = 0.1371 \frac{\lg 650 - \lg 300}{\lg 650 - \lg 250} = 0.1109$$

$$\alpha_{550} = 0.1371 \frac{\lg \frac{650}{550}}{\lg \frac{650}{250}} = 0.1371 \frac{\lg 650 - \lg 550}{\lg 650 - \lg 250} = 0.0239$$

$$\alpha_{600} = 0.1371 \frac{\lg \frac{650}{600}}{\lg \frac{650}{250}} = 0.1371 \frac{\lg 650 - \lg 600}{\lg 650 - \lg 250} = 0.0115$$

4. 计算各井处于互阻影响下的出水量

各井在互阻影响下的出水量见表 2-9，表中 q 值系表 2-6 所列 q 值的平均值。

5. 井群在互阻下的总出水量

$$\sum Q' = 29.00+24.69+25.67+26.10+26.10+26.50+30.33 = 188.39 \text{L/s}$$

6. 不发生互阻时井群的总出水量

$$\sum Q = q \cdot S \cdot n = 6.25 \times 5.53 \times 7 = 241.94 \text{L/s}$$

7. 井群互阻下出水量减少百分数

$$\frac{\sum Q - \sum Q'}{\sum Q} \times 100\% = \frac{241.94 - 188.39}{241.94} = 22.13\%$$

井群互阻时井的出水量　　　　　　　　　　　表 2-9

井号	井距(m)(左/右)	来自左侧井的影响				来自右侧井的影响				$\sum \alpha$	$1-\sum \alpha$	$q[\text{L}/(\text{s}\cdot\text{m})]$	$Q'=qS(1-\sum \alpha)$ (L/s)
		α_{250}	α_{300}	α_{550}	α_{600}	α_{250}	α_{300}	α_{550}	α_{600}				
1	0/550	0	0	0	0	0.1371	0	0.0239	0	0.161	0.839	6.25	29.00
2	250/600	0.1371	0	0	0	0	0.1371	0	0.0115	0.2857	0.7143	6.25	24.69
3	550/600	0	0.1109	0.0239	0	0	0.1109	0	0.0115	0.2572	0.7428	6.25	25.67
4	600/600	0	0.1109	0	0.0115	0	0.1109	0	0.0115	0.2448	0.7552	6.25	26.10
5	600/600	0	0.1109	0	0.0115	0	0.1109	0	0.0115	0.2448	0.7552	6.25	26.10
6	600/300	0	0.1109	0	0.0115	0	0.1109	0	0	0.2333	0.7667	6.25	26.50
7	600/0	0	0.1109	0	0.0115	0	0	0	0	0.1224	0.8776	6.25	30.33

互阻影响下的井群出水量减少百分数较大，超过设计水量的 15%，说明设计井间距小，应调整设计井间距或井径重新计算，到 6 眼井工作，一眼备用满足用水需要为止。此处不再调整计算。

井间距调整后 6 眼井工作出水量应以 1~6 号井工作计算，用 7 号井备用，因 7 号井单井产水最大，选择最不利情况满足设计水量的要求以保证供水量安全的需要。

如无井群互阻抽水资料，应根据影响半径合理确定井距，井群相互影响减少的水量一般按不超过设计水量的 15% 左右考虑。

8. 井群连接管计算

井群连接管计算内容包括在给定的设计流量时，先确定管材种类、再选定连接管内流速、计算管径、计算各井及清水池水头损失、确定水泵安装高度和扬程、选水泵。具体计算略。

9. 管井构造设计

管井构造设计见本章 2.3。

第3章 地表水取水设计

3.1 水源和取水构筑物

3.1.1 地表水取水设计特点

地表水取水,尤其是河流取水构筑物的安全可靠性受诸多因素影响,设计时应充分考虑,这些因素有:

1. 河段径流特征

河流径流特征主要指水位、水量、流速。水位除百年一遇的最高洪水位和根据城市规模确定的保证率下的最低水位及有足够的取水深度之外,还有常水位;流量主要指最小流量,从天然河流的取水量应小于该河流枯水期的可取水量,可取水量应满足以下要求

$$Q_{可取} = (0.15 \sim 0.25) Q_{枯}$$

式中　$Q_{可取}$——天然河流枯水期的可取水量,m^3/s;

$Q_{枯}$——天然河流枯水期水量,m^3/s。

2. 泥砂运动和河床演变

泥砂运动和河床演变影响着取水构筑物的正常运行,也关系到取水构筑物的安全。取水构筑物一般设在稳定的凹岸,防止泥砂淤积。

3. 冰冻情况

冰冻影响取水构筑物设计参数的选取和运行中的安全。考虑冬季冰厚、冰凌、冰絮对取水口的影响,流冰期冰块的几何尺寸、流速及水的挤压力等。

4. 河流构筑物及天然障碍物

河流中修建的桥梁、码头、丁字坝等障碍物,会引起河流水力条件和河床的变化,影响取水构筑物的安全。河流的航运要求、工程地质对取水构筑物的影响,漫滩、岛屿对水流的影响等。

3.1.2 取水工程设计标准

1. 取水标准

取水工程水文设计标准,应根据工程性质、规模、供水要求、水源本身的自然地理和水文特征等,参照国家有关规定综合确定。取水构筑物的设计最高水位应按百年一遇频率确定;设计枯水位的保证率,根据水源情况和供水重要性选定,一般在90%~99%范围内。地表水作为城市供水水源时,设计枯水流量的保证率,应根据城市规模和工业大用户的重要性选定,一般在90%~97%。地表水用作工业企业供水水源时,设计枯水流量的保证率,按各有关部门的规定确定。在地面水源水量充足的情况下,地面水取水构筑物一般都按城市远期规划用水量再加20%~30%设计取水构筑物,按近期规划水量校核设备,并分期上马。取水构筑物与泵房合建时,其进口地坪的设计标高可分别按下列情况确定:

当泵房位于渠道边时,设计水位加0.5m;

当泵房位于河边时,设计水位加浪高再加0.5m;

当泵房位于湖泊、水库或海边时,设计最高水位加波浪爬高再加0.5m,并应设置防止波浪爬高的措施,同时还应考虑风浪对设计最低水位的影响。

2. 波浪高度计算

当取水构筑物建于湖泊、水库或很开阔的河面上,吹程在 $3<l<300$m 范围内时,可按以下经验公式计算:

$$h_B = 0.0208 w^{\frac{5}{4}} \cdot l^{\frac{1}{3}}$$

式中　h_B——波浪全高,从波谷到波峰的垂直距离,m;

　　　w——最大风速,m/s;

　　　l——吹程,即波浪顺风扩展的距离,m。

以建于某河流岸边取水构筑物为例,假设河岸水宽100m,风速5.0m/s,边坡为60°,草皮加固。在垂直于取水构筑物的风向(吹程为100m)时的波浪高度

$$h_B = 0.0208 \times 5^{\frac{5}{4}} \times 100^{\frac{1}{3}} = 0.722\text{m}$$

实际浪高为全高的一半

$$h = \frac{1}{2} h_B = \frac{1}{2} \times 0.722 = 0.361\text{m}$$

波浪示意见图3-1。

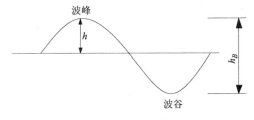

图 3-1　波浪示意图

3. 波浪爬高计算

波浪冲向岸坡的爬升高度称为波浪爬高,当波浪高度小于 1.5m 时按下式计算

$$h_H = 3.2 h_B \cdot K \cdot tg\alpha$$

式中 h_H——静水位以上的波浪爬升高度,m;

h_B——波浪全高,m;

α——边坡对水平线的倾角,度;

K——与边坡粗糙程度有关的系数。

光滑边坡(混凝土等)　　　$K = 1.00$;
植草或草皮加固　　　　　$K = 0.90$;
片石铺砌加固　　　　　　$K = 0.75$;
抛石加固　　　　　　　　$K = 0.60$

下列情况之一,可不考虑波浪爬高:

(1) 吹程 $l < 0.2$m;
(2) 平均水深小于 0.1m;
(3) 计算浪高小于 0.15m;
(4) 岸坡(或河滩)上有不被波浪淹没的稠密灌木或树林。

上述构筑物波浪爬升高度

$$h_H = 3.2 \times 0.361 \times 0.90 \times 1.732 = 1.8 \text{m}$$

3.1.3 取水水源选择

水源选择应遵守以下原则:

1. 水质良好

对水源水质应根据《地表水环境质量标准》(GB 3838—2002)判断水源水质优劣及是否符合要求。作为生活饮用水源,其水质要符合《生活饮用水水质卫生规范》中关于水源水质的要求,工业企业生产用水的水源水质则根据各种生产工艺要求水质而定。水源水质在考虑满足现状要求的同时,还要考虑远期变化趋势。

2. 水量充沛

在考虑水量时,不仅能满足现时生活、生产需要,还要满足远期发展的需要。地下水源的取水量应不大于开采贮量,天然河流的取水量应不大于该河流枯水期一定保证率的可取水量。

3. 优先选用地下水作为饮用水源

在地下水水质符合要求的情况下,可就近优先选用地下水作为饮用水源。地下水源有取水构筑物简单、水质好、制水成本低、基建投资少、维护费用低、便于分期建设等优点。用水量小的工业企业或对水质有一定要求,如用于冷却用水,可考

3.1 水源和取水构筑物

虑采用地下水,当用水量很大时,尽管地下水丰富,选用何种水源,应通过技术经济比较,还应考虑到地下径流的有限性,综合考虑后确定。

4. 水资源论证、进行多水源方案技术经济比较

当一个城市用水量很大,地面水源、地下水源两种水源都存在,根据城市布局和水源分布情况,也可采用两种水源都开采利用的方案。

5. 合理开发统筹安排

水资源利用涉及多个部门,如水利、农业、城市供水、水力发电、航运、水产等,应根据所在地区水资源量及现在已开发利用程度制定水资源开发利用的规划,合理地综合利用与开发,提高水资源综合利用率,避免水资源的浪费。

3.1.4 取水构筑物位置选择

取水构筑物位置选择,应符合城市总体规划要求,在保证水质的前提下,尽可能靠近用户,以节省投资和经常费用。取水构筑物位置选择应考虑的因素有:

1. 水质应该良好

从水源水质考虑,取水构筑物应选择在:

(1) 水质良好的河段,一般应设在城镇的河流上游;

(2) 避开河段中死水区和回流区;

(3) 根据含砂量分布情况,确定适宜的取水位置和取水口高程。悬移质泥砂量大时可设多层取水口,推移质泥砂量大时可设输砂坝。

2. 河床应稳定

(1) 弯曲河段应设在凹岸,位置可选在顶冲点的上游或稍下游 15~20m 主流深槽且不影响航运处;

(2) 弯曲河段的凸岸因泥砂淤积严重而不宜选取;

(3) 在顺直微曲的河段上,宜将取水口设在主流靠岸、河床稳定、水深流急的河床断面较窄的河段上;

(4) 在江河入海口河段因落淤形成磨盘坝淤积,不宜设置取水构筑物;

(5) 有支流汇入的主流河段,取水构筑物位置选择见图 3-2;

(6) 在分叉河段上,应将取水构筑物设在稳定的主分叉上。

3. 河床中的构筑物

(1) 建有桥梁的河段,位置宜在桥上游 0.5~1.0km 或下游 1.0km 以外选取,此河段较稳定。在河流中泥砂和漂浮物少的河段,亦可将距离适当缩短;

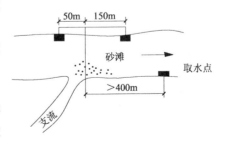

图 3-2 有支流汇入主流河段位置选择

(2) 在设有码头河段,取水构筑物最好离开码头区域;
(3) 在建有丁字坝的河段,位置设置见图 3-3。

4. 冰冻

北方河流在选取取水构筑物位置时,不应设在清沟的下方;在水内冰较多河段,取水口不宜设在冰水混杂地段和水内冰较多和易受冰排撞击的地段,更不能设在易形成冰坝地段。

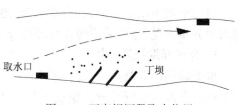

图 3-3　丁字坝河段取水位置

5. 地质与地形

地质条件与地形影响施工,在选择取水构筑物位置时应充分考虑。

3.2　地表水取水构筑物

3.2.1　地表水取水构筑物类型

1. 固定式取水构筑物

固定式取水构筑物又分为:岸边式、河床式、竖井泵房式和斗槽式等。

2. 活动式取水构筑物

活动式取水构筑物有缆车式取水和浮船式取水。

3. 特种取水构筑物

特种取水构筑物有山区浅水河流低坝式、低栏栅取水构筑物、湖泊、水库塔式取水构筑物和海水取水构筑物。

以上3种类型取水构筑物采用较多的是固定式取水构筑物中的岸边式和河床式。

3.2.2　岸边式取水构筑物

岸边式取水构筑物形式、特点和适用条件见表 3-1。

岸边式取水构筑物形式、特点和适用条件　　　　　表 3-1

类型	形　式	特　　点	适　用　条　件
合建式	集水井和泵房合建式根据具体情况,有三种形式	1. 设备布置紧凑,总建筑面积小; 2. 吸水管短,运行安全可靠,便于维护	1. 岸陡,岸边水较深,主流近岸; 2. 水质和地质条件好; 3. 水位变幅不大
	底板呈阶梯形	1. 集水井和泵房底板呈阶梯形; 2. 减小泵房深度,减少投资; 3. 低水位水泵启动需抽真空启动,启动时间长,启动设备占一定面积	·具有岩石基础或较坚硬的地质

续表

类型	形式	特 点	适 用 条 件
合建式	底板呈水平式（采用卧式泵）	1. 集水井与泵房底板在同一高程； 2. 水泵设于最低水位下，无需抽真空设备，启动快； 3. 泵房深，维护运行不便、通风条件差	·地质条件较差、取水量较大，安全性要求较高
合建式	底板呈水平式（采用立式泵）	1. 集水井与泵房在同高程； 2. 电气设备可置于最高水位上，操作管理方便，通风条件好； 3. 建筑面积小，检修条件较差	·地质较差，河道水位较低
分建式		1. 泵房离开河岸，设于水质条件好的位置； 2. 维护管理，运行安全性较差	1. 河岸地质较差，不宜合建； 2. 建合建式对河床断面及航道影响较大； 3. 水下施工有困难

3.2.3 河床式取水构筑物

河床式取水构筑物的形式、特点及适用条件见表 3-2。

河床式取水构筑物的形式，特点及适用条件　　　表 3-2

形 式	特 点	适 用 条 件
自流管取水，集水井和泵房分合建和分建两种	1. 集水井和泵站设于河岸上，不受水流冲刷和冰块撞击，亦不影响河床水流； 2. 头部伸入河床，检修、清洗不便，底部泥砂多，水质差	1. 河床稳定，河岸较平坦，主流离河岸较远，河岸水深较浅，水质较差； 2. 河中有足够水深和较好水质
自流管及集水井进水孔取水	1. 非洪水期，利用自流管取水，洪水期利用集水井上进水孔取上层水质好的水； 2. 比单用自流管安全可靠	1. 河岸较平坦，枯水期主流离岸较远； 2. 洪水期含砂量较大
虹吸管取水	1. 减少水下施工量和自流管大量土方开挖； 2. 虹吸管施工要求质量高，保证不漏气； 3. 需一套真空装置，虹吸管径大，起动时间长，运行管理不便	1. 河流水位变幅大，河滩宽阔，岸高，自流管埋设深时； 2. 枯水期主流离岸远而水位较低； 3. 河岸为岩层； 4. 泵房在防洪堤内修建，又不能破坏防洪堤时
水泵吸水管直接吸水	1. 不设集水井、施工简单、造价低，施工质量要求高，吸水管不能漏气； 2. 河流泥砂，漂浮物多时，易堵，水泵叶轮易磨损； 3. 吸水管不易过长，影响运行安全； 4. 利用水泵吸上高度，减少泵房深度	1. 水泵允许吸上真空高度较大； 2. 河流漂浮物较少； 3. 取水量小； 4. 吸水管不宜太长
桥墩式取水	1. 建在河心，引桥长，河流过水断面减小，构筑物易冲刷，基础埋设深，影响航运； 2. 施工复杂，造价较高，维护管理不便	1. 取水量较大，岸坡较缓； 2. 水流含砂量高，水位变幅较大； 3. 河床地质条件较好

续表

形　式	特　点	适　用　条　件
淹没式泵房取水	1. 集水井、泵房位于常年洪水位下，泵房浅，土建投资省； 2. 建筑物隐蔽，通风条件差，噪声大，操作管理维护不便； 3. 洪水期格栅不便起吊清洗	1. 河床地基稳定，含砂量较少河流； 2. 水位变幅大，但洪水期短，平枯水位期长的河流
湿式竖井泵房取水	1. 泵房下部为集水井，上部为机电室，运行管理方便，泵房面积小； 2. 水泵不便检修，集水井泥砂不便清淤； 3. 水中含砂量及砂粒大时，应采用防砂深井泵	1. 水位变幅大于10m时，尤其骤然降落每小时变幅大于2m时的河流； 2. 含砂量少的河流

3.2.4　取水构筑物形式选择

影响取水构筑物形式选择的主要因素有：

1. 河床和岸边的地形

岸陡、主流近岸时可选用岸边式取水构筑物；岸平缓，主流离岸时，宜采用河床式取水构筑物；河岸平缓，岸边无足够水深时，可采用桥墩式取水构筑物。

2. 水位变幅

水位变幅大可考虑采用湿井式泵房、淹没式泵房或薄壁瓶式泵房；水位变幅不大，可采用岸边式或河床式取水构筑物。

水位变幅大、无结冰的水体，但修建固定式有困难，可采用移动式取水构筑物。最低水位不能满足取水深度时，可采用底栏栅取水或低坝取水。

3. 含砂量

河流在洪水期含砂量较高，且沿垂直方向分布有明显变化时，可采用分层取水的取水构筑物。当河流含砂量高，且颗粒较粗，河流取水点有足够水深时，可采用斜板（管）式取水头部。

4. 设计规模与安全度

大型取水泵房对安全度要求高时，可采用合建式；取水设计规模小，且河流泥砂、漂浮物少时，可采用水泵直接吸水方式。

5. 航运要求

通航河流船只来往频繁，不易采用桥墩式取水构筑物；淹没式取水头部应设明显标志和保护措施，以保证取水安全。

6. 冰冻条件

一般不易采用框架式取水构筑物，其他形式也应采取防冰凌、冰絮和防冰排撞击措施。

7. 取水构筑物还受工程地质的影响、建设资金的限制等。

3.3 岸边式取水构筑物设计计算

3.3.1 设计资料

1. 设计取水量及扬程

设计最高日供水量为 10.0 万 m^3/d,水厂自用水量为设计供水量的 5%,设计取水量为 10.5 万 m^3/d。河流最低水位至水厂所需扬程为 16.0m。

2. 河流水文资料

(1) 河流百年一遇最高洪水位为 98.00m,最枯水位为 91.00m(保证率 97%),常水位 95.00m;

(2) 河流最枯流量(保证率 97%)125.0m^3/s;

(3) 河流最大流速 3.0m/s;

(4) 洪水期泥砂沿垂直方向分布变化较明显,漂浮物少;

(5) 河流为结冰河流,最大冰厚度 0.5m,结冰期风速较大时,水中有冰絮生成;

(6) 地质条件不好。

3. 设计任务

设计一座取水量为 10.5 万 m^3/d 的岸边取水构筑物。

3.3.2 岸边式取水构筑物设计计算

1. 形式与构造

岸边取水构筑物采用合建式,由于河床地质条件不好,底板采用水平布置,水泵采用卧式泵。构造为钢混结构,采用筑岛沉井方法施工。

2. 外形

岸边取水构筑物平面形状采用矩形。

3. 平面构造与计算

进水间由隔墙分成进水室与吸水室,两室之间设平板格网。在进水室外壁上设进水孔,进水孔上装闸板和格栅。进水孔也采用矩形。

(1) 进水孔(格栅)面积计算

$$F_0 = \frac{Q}{k_1 k_2 v_0}$$

$$k_1 = \frac{b}{b+S}$$

式中 F_0——进水孔或格栅的面积,m^2;

Q——进水孔设计流量,m^3/s;

v_0——进水孔设计流速,m/s,当江河有冰絮时,采用 0.2~0.6m/s;无冰絮时采用 0.4~1.0m/s。当取水量较小、江河水流速度较小、泥砂和漂浮物较多时,可取较小值。反之,可取较大值;

k_1——栅条引起的面积减小系数;

b——为栅条净距,mm,一般采用 30~50mm;

S——为栅条厚度或直径,mm,一般采用 10mm;

k_2——格栅阻塞系数,一般采用 0.75。

由于最高洪水位与枯水位高差较大(7m),进水孔分上、下两层,设计时,按河流最枯水位计算下层进水孔面积,上层面积与下层相同。

设计中取进水孔设计流速 v_0 为 0.4m/s;栅条采用圆钢,其直径 $S=10$mm;取栅条净距 b 为 50mm,取格栅阻塞系数 k_2 为 0.75

$$k_1 = \frac{50}{50+10} = 0.833$$

$$F_0 = \frac{1.2153}{0.833 \times 0.75 \times 0.4} = 4.86 \text{m}^2$$

进水孔设 4 个,进水孔与泵房水泵配合工作,进水孔也需三备一用,每个进水孔面积

$$F = \frac{F_0}{3} = 1.62 \text{m}^2$$

进水孔尺寸采用

$$B_1 \times H_1 = 1400\text{mm} \times 1200\text{mm}$$

格栅尺寸选用

$$B \times H = 1500\text{mm} \times 1300\text{mm}(标准尺寸)$$

实际进水孔面积

$$F'_0 = 1.4 \times 1.2 \times 3 = 5.04 \text{m}^2$$

通过格栅的水头损失一般采用 0.05~0.1m,设计取 0.1m。

(2)格网尺寸计算

采用平板格网,过网流速采用 0.4m/s,网眼尺寸采用 5mm×5mm,网丝直径 $d=2$mm。

格网网丝引起的面积减小系数:

$$k_1 = \frac{b^2}{(b+d)^2}$$

式中 k_1——网丝引起的面积减小系数;

b——网眼尺寸,mm;

d——网丝直径,mm。

$$k_1 = \frac{5^2}{(5+2)^2} = 0.51$$

平板格网所需要面积

$$F_1 = \frac{Q}{k_1 k_2 \varepsilon v_1}$$

式中　F_1——平板格网面积,m²;
　　　k_2——格网阻塞后面积减少系数,一般采用 0.5;
　　　ε——水流收缩系数,一般采用 0.64~0.80;
　　　v_1——通过格网的流速,m/s,一般采用 0.2~0.4m/s。

设计取 $\varepsilon = 0.8, v_1 = 0.4$m/s

$$F_1 = \frac{1.2153}{0.51 \times 0.5 \times 0.8 \times 0.4} = 14.89 \text{m}^2$$

设置 4 个格网,同样三格工作一格备用,每个格网所需要面积为 4.963m²。进水部分尺寸为 $B_1 \times H_1 = 2500 \text{mm} \times 2000 \text{mm}$,面积为 5.0m²,平板格网尺寸选用 $B \times H = 2630 \text{mm} \times 2130 \text{mm}$(标准尺寸)。

实际通过格网流速:

$$v_1' = \frac{Q}{k_1 k_2 \varepsilon F_1'} = \frac{1.2153}{0.51 \times 0.5 \times 0.8 \times 5 \times 3} = 0.397 \text{m/s}$$

通过平板格网的水头损失,一般采用 0.1~0.2m,设计取 0.2m。

(3)平面布置

进水间用隔墙分成 4 格,平面布置示意见图 3-4。进水间进水窗口设上下 2 层,每层设 4 个窗口。进水孔上设平板闸板及平板格栅,两者共槽。吸水间下层设平板格网,每格一个。

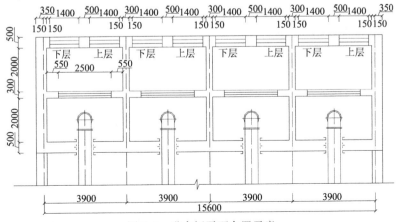

图 3-4　进水间平面布置示意

4. 高程布置与计算

下层进水孔布置与计算

下层进水孔上缘标高设在最枯水位减去冰盖厚度,再减去0.2m水层厚度即91.00-0.5-0.2=90.30m。

下层进水孔下缘距河床底面不小于0.5m,设计取0.7m。

上层进水孔上缘在最高洪水位以下1.0m。

浪高按3.1.2中浪高计算所设条件计算结果$h=0.361$m,设计取0.4m。

超高取0.5m,则取水构筑物高程布置见图3-5所示。

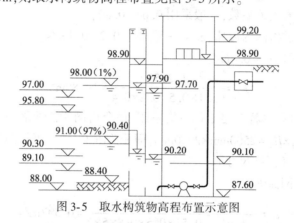

图3-5 取水构筑物高程布置示意图

5. 起吊设备、排泥与启闭设备

进水间沉降的泥砂,用排泥泵排除,采用2PN型泥浆泵抽吸,其性能为:$Q=30\sim58\text{m}^3/\text{h}$, $H=22\sim17\text{m}$, $n=1450\text{r/min}$,轴功率$N=5.45\sim6.9$kW,配套电机功率$N_d=10$kW,效率$\eta=33\%\sim39\%$。为提高排泥效率,在井底设穿孔冲洗管,利用高压水边冲洗边排泥。

在进水孔上设平板闸门或平板格栅,格网进水孔上设平板格网,隔墙下部连通管上设蝶阀,格栅及格网以操作器开启。

起吊设备设于进水间上的平台上,用以起吊格栅、格网、闸门等。选用SC型手动单轨小车起吊,起重量1t,起升高度$3\sim12$m。

6. 防冰措施

为防止格栅被冰絮沾附而结冰,影响进水,栅条用空心栅条,在结冰期、风浪大易产生冰絮的季节,可将热水或蒸气通过栅条,加热格栅,防止结冰。在流冰期,防止流冰破坏取水口,应在进水口前设破冰设施。

7. 取水泵房设计

(1)水泵选择

水泵选4台,一台备用,3台工作,由河流最枯水位至水厂稳压井高差16.0m

和到水厂距离150.0m,选20sh—19A型卧式离心泵,其性能为:$Q = 1296 \sim 2016 \text{m}^3/\text{h}$,$H = 23 \sim 14 \text{m}$,$n = 970 \text{r/min}$,泵轴动率$N = 111 \sim 101 \text{kW}$,配套电机功率$N_d = 130 \text{kW}$,型号为JS125—6,$\eta = 73\% \sim 80\%$,允许吸上真空高度$Hs = 4.0 \text{m}$,泵重$W = 1946 \text{kg}$。

(2)泵房布置

泵房采用矩形,与进水间连接,泵房布置示意见图3-6。

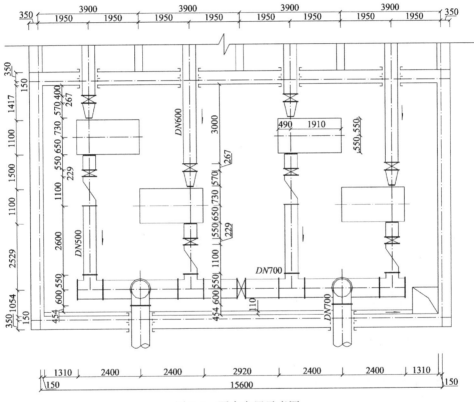

图3-6 泵房布置示意图

(3)泵房地面层的设计标高

泵房地面层的设计标高,又称泵房顶层进口平台,与进水间平台一致,为98.90m,室内地面标高99.20m。

(4)房泵的起吊、通风、交通和自控设计

泵房深度在20m以内,采用一级起吊,最大起重设备电机重3.6t,选用DL型电动单梁桥式起重机,起重量5t,地面操纵。起重机运行速度60m/min,电机型号ZDR12—4型,功率2×1.5kW,转速1380r/min。

因泵房深度较大,采用自然进风、机械排风方式。

泵站内交通采用楼梯上下维护与检修,上层设走道板,楼梯至下层走道板,再以小梯子到泵间底面。

取水泵房在地面层设自控室、值班室、高低压配电室、生活间等。

(5)泵房的防渗和抗浮设计

泵房井壁及底应进行防水处理,防止渗透。泵房受河水及地下水的浮力很大,设计中应采用相应的抗浮措施;加大泵房自重;将泵房底部打入锚桩与基岩锚固;在运行中不应在高水位时对进水间排泥冲洗。

3.4 河床式取水构筑物设计计算

3.4.1 设计资料

1. 设计取水量及扬程

设计规模为 10.0 万 m^3/d,水厂自用水量为设计供水量的 5%,设计取水量为 10.5 万 m^3/d。河流最低水位至水厂所需扬程为 16.00m。

2. 河流水文资料

(1)河流百年一遇最高洪水位为 98.00m、常水位为 95.00m、最枯水位为 91.00m(保证率 97%);

(2)河流最枯流量(保证率 97%)为 125m^3/s;

(3)河流最大流速 3.0m/s;

(4)最低水位时河宽 130.00m;

(5)冰的最大厚度 0.5m、无潜冰、无锚定冰;

(6)河流为通航河流;

(7)汛期有少量漂浮物,最大含砂量 0.01kg/m^3、最小含砂量 0.001kg/m^3;

(8)所在地区为东北地区,冰冻深度为 1.1m。

3. 设计任务

设计一座取水量为 10.5 万 m^3/d 的河床式取水构筑物。

3.4.2 河床式取水构筑物设计计算

1. 河床式取水构筑物形式选择

由于主流离岸较远、岸边水深不足,选用河床式取水构筑物,用自流管伸入江心取水,进水间与泵站合建,采用矩形结构。河床式取水构筑物示意图见图 3-7。

2. 取水头部设计计算

(1)取水头部形式选择

由于河面较宽,含砂量少,河流为通航河流,选择设置一个箱式取水头部,取水头部上设固定标志,在常水位时航行船只能观察到,以避免船只碰撞。

(2)取水头部进水孔面积计算

河床式取水构筑物进水孔面积计算公式同 3.3.2 中进水孔面积计算公式。河床式取水构筑物的进水流速,有冰絮时为 0.1~0.3m/s,无冰絮时为 0.2~0.6m/s,根据河流条件,设计中进水孔流速取 0.2m/s

$$F_0 = \frac{1.2153}{0.833 \times 0.75 \times 0.2} = 9.736 \text{m}^2$$

进水孔设 8 个,设在两侧,每个进水孔面积:

$$f = \frac{F_0}{8} = 1.215 \text{m}^2$$

进水孔尺寸采用:$B_1 \times H_1 = 1200\text{mm} \times 1000\text{mm} = 1.20\text{m}^2$

格栅尺寸为:$B \times H = 1300\text{mm} \times 1100\text{mm}^2$

进水孔总面积:$8 \times 1.20 = 9.6\text{m}^2$

实际进水孔流速为:$v_0' = \frac{1.2153}{0.833 \times 0.75 \times 9.6} = 0.201\text{m/s}$

通过格栅的水头损失一般采用 0.05~0.1m,设计取 0.1m。

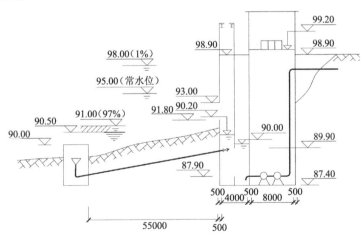

图 3-7 河床式取水构筑物示意图

根据航道要求,取水头部上缘距最枯水位深取 1.0m,进水孔下缘距河床底高度取 1.0m,进水箱底部埋入河底下深 1.8。因此,取水头部设置在河流最小水深为 3.3m 处,此处与进水间距离为 55.0m。

取水头部形式和尺寸见图 3-8。用隔墙分成两格,以便清洗和检修。头部周围抛石,防止河床冲刷。

进水孔位置设置要求,侧面进水孔的下缘至少应高出河床 0.5m,设计取 1.0m;上缘在最枯水位时不小于 0.3~0.5m,设计取 1.30m,冬季考虑冰盖厚 0.5m,

并满足要求。

(3)取水头部位置设置

取水头部设于河床主流深槽处,以保证有足够的取水深度,根据取水头部设计尺寸,取水头最小水深不应小于3.3m。为防止头部被水流冲刷,头部基础设在河床面以下1.8m,在冲刷范围头部周围抛石加固。

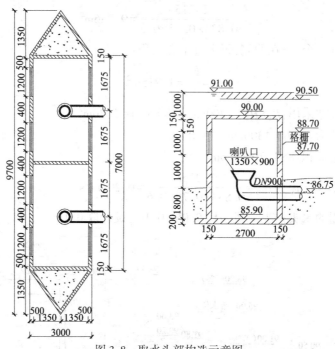

图 3-8　取水头部构造示意图

3. 自流管设计计算

自流管设置两条,每条自流管设计水量

$$Q' = \frac{105000}{24 \times 3600 \times 2} = 0.608 \mathrm{m^3/s}$$

自流管内流速采用 $v=0.95\mathrm{m/s}$,则自流管管径

$$D = \sqrt{\frac{4Q'}{\pi v}} = \sqrt{\frac{4 \times 0.608}{3.14 \times 0.95}} = 0.903\mathrm{m}$$

采用 $DN900\mathrm{mm}$ 的铸铁管,管内实际流速

$$v = \sqrt{\frac{Q}{\omega}} = \sqrt{\frac{0.608}{3.14 \times 0.45^2}} = 0.9562\mathrm{m/s}$$

考虑到使用后自流管结垢及淤积的情况,粗糙系数取 $n=0.016$,自流管长为55.0m。

3.4 河床式取水构筑物设计计算

自流管水力半径

$$R = \frac{D}{4} = \frac{0.9}{4} = 0.225\text{m}$$

流速系数

$$c = \frac{1}{n}R^{\frac{1}{6}} = \frac{1}{0.016}(0.225)^{\frac{1}{6}} = 48.74$$

水力坡度

$$i = \frac{v^2}{c^2 R} = \frac{(0.9562)^2}{48.74^2 \times 0.225} = 0.00171$$

自流管的沿程水头损失

$$h_y = il = 0.00171 \times 55 = 0.094$$

自流管上设喇叭管进口一个、焊接 90°弯头一个、阀门一个、出口一个，其局部阻力系数分别为：喇叭管进口 $\xi_1 = 0.2$，弯头 $\xi_2 = 0.96$，阀门 $\xi_3 = 0.1$，出口 $\xi_4 = 1.0$，自流管局部损失

$$h_j = (\xi_1 + \xi_2 + \xi_3 + \xi_4)\frac{v^2}{2g} = (0.2 + 0.96 + 0.1 + 1.0)\frac{0.9562^2}{2 \times 9.81} = 0.105\text{m}$$

正常工作时，自流管的总水头损失为：

$$h = h_y + h_j = 0.094 + 0.105 = 0.199\text{m} = 0.2\text{m}$$

自流管采用在河流高水位时单根重力流正向冲洗的方式。

4. 进水间设计

进水间用隔墙分成进水室和吸水室，为便于清洗和检修，进水室用一道隔墙分成两部分，吸水室用三道隔墙分成四部分，见图 3-9。进水间隔墙上设连通管 $DN600$，连通管上设阀门。

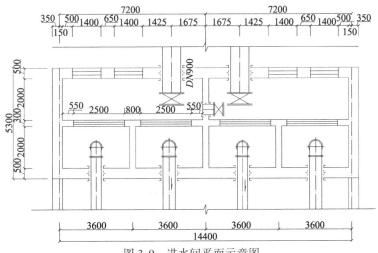

图 3-9 进水间平面示意图

在进水室外墙常水位下 2.0m 处设 4 个进水孔,每格进水室设两个进水窗口,每个窗口设平板闸板及平板格栅,两者共槽。进水孔尺寸 $B_1 \times H_1 = 1200\text{mm} \times 1000\text{mm}$,同取水头部进水孔,进水孔流速为 0.4m/s。在常水位时,由进水室进水孔取水。

(1) 吸水室下部进水孔上的格网采用平板格网,格网同岸边式,计算从略。

(2) 进水间平面尺寸见图 3-9。

(3) 进水间高程计算

进水间平台标高同岸边式为 98.90m。

进水室最低动水位标高为

河流最枯水位-冰盖厚度-取水头部进水孔格栅水头损失-自流管水头损失
$= 91.00 - 0.5 - 0.1 - 0.4 = 90.00\text{m}$。

吸水室最低动水位标高为

进水室最低动水位-吸水室进水孔格网水头损失 $= 90.00 - 0.2 = 89.80\text{m}$

进水间井底标高

格网净高 2.0m,其上缘应淹波在最低水位以下,取 0.1m,其下缘应高出井底,取 0.5m,故进水间井底标高为 $89.80 - (0.1 + 2.0 + 0.5) = 87.2\text{m}$

进水间深度为

平台标高+室内与平台高差-井底标高 $= 98.90 + 0.3 - 87.2 = 12.00\text{m}$

一根自流管停止工作时的校核:

当一根自流管清洗或检修停止工作时,另一根自流管按最低枯水位仍需要通过全部水量的 70% 计,此时管中流速

$$v' = \frac{4Q'}{\pi D^2} = \frac{2 \times 4 \times 0.608 \times 0.7}{3.14 \times 0.9^2} = 1.34\text{m/s}$$

自流管沿程水头损失

$$h'_y = 55 \times \frac{1.34^2}{48.74^2 \times 0.225} = 0.185\text{m}$$

局部水头损失

$$h'_j = 2.26 \times \frac{1.34^2}{2 \times 9.81} = 0.21\text{m}$$

一根自流管的总水头损失为:

$$h' = h'_y + h'_j = 0.185 + 0.21 = 0.39\text{m},\text{设计中取 } 0.4\text{m}。$$

一根管进水时的吸水室最低水位 $= 90.5 - (0.1 + 0.4 + 0.2) = 89.8\text{m}$。此时吸水室中水深 $= 89.8 - 87.2 = 2.6\text{m}$,可满足水泵吸水要求。

(4) 起吊设备计算

格网起吊重量计算

$$P = (G + pFf)K$$

式中　G——平板格网和钢绳重量，共约 0.15t；

p——格网前和后水位差所产生的压力，取水位差 0.2m，则 $p = 0.2 \text{t/m}^2$；

F——每个格网的面积，m^2；

f——格网与导槽间的系数；

K——安全系数。

设计中取安全系数 K 为 1.5，格网与导槽间的系数 f 为 0.44

$$P = (0.15 + 0.2 \times 4 \times 0.44) \times 1.5 = 0.753\text{t}$$

格栅（常水位时）起重量计算

$$P = (G + pFf)K$$

设计中取 G 约 0.2t，$p = 0.1\text{t/m}^2$，$f = 0.44$，$K = 1.5$

$$P = (0.2 + 0.1 \times 1.2 \times 0.44) \times 1.5 = 0.38\text{t}$$

格网起吊高度为

平台高度 − 格网下缘标高 + 格网高度 + 格网与平台最小距离 + 格网吊环高 = 98.90 − 87.9 + 2.13 + 0.2 + 0.25 = 13.58m。采用 CD 或 MD_1-18 型电动葫芦，起重量 1t，起吊高度 18m。

起吊架高度计算

平板格网高 2.13m，格网吊环高 0.25m，电动葫芦吊钩至工字梁下缘最小距离为 0.685m，格网至平台以上的距离取 0.2m，平台标高为 98.90m，起吊架工字梁下缘的标高应为

$$98.90 + 0.2 + 2.13 + 0.25 + 0.685 = 102.165\text{m}$$

5. 取水泵房设计

取水泵房设计参见岸边式取水泵房，平面轴线尺寸 14.4m×9.0m，具体设计计算略。

第4章 给水管网工程设计

4.1 设计任务书

4.1.1 给水管网的特点

给水管网基本平面布置形式有树状网和环状网。树状网一般适用于小城市和小型工矿企业,这类管网从水厂泵站或水塔到用户的管线布置成树枝状。树状网的供水可靠性较差,因为管网中任一段管线损坏时,在该管段以后的所有管线就会断水。环状网中管线连接成环状,这类管网当任一段管线损坏时,可以关闭附近的阀门使和其余管线隔开,然后进行检修,水还可从另外管线供应用户,断水的地区可以缩小,从而供水可靠性增加。

4.1.2 给水管网定线原则

给水管网的布置应满足以下要求:

按照城市规划平面图布置管网,布置时应考虑给水系统分期建设的可能。并留有充分的发展余地;管网布置必须保证供水安全可靠,当局部管网发生事故时,断水范围应减到最小;管线遍布在整个给水区内,保证用户有足够的水量和水压;力求以最短距离敷设管线,以降低管网造价和供水能量费用。

1. 城市管网

城市给水管网定线是指在带有地形城市现状和规划道路的平面图上确定管线的走向和位置。定线时一般只限于管网的干管以及干管之间的连接管,不包括从干管到用户的分配管和接到用户的进水管。图4-1中,实线表示干管,管径较大,用以输水到各地区。虚线表示分配管,它的作用是从干管取水供给用户和消火栓,管径较小。干管及支管的使用功能应明确分工,避免小直径的管道长距离敷设。

定线时,干管延伸方向应和二级泵站输水到水池、水塔、大用户的水流方向一致,如图4-1中的箭头所示。顺水流方向,以最短的距离布置一条或数条干管,干管位置应从用水量较大、道路较宽、地下管线障碍较少的街区通过。干管和干管之间的连接管使管网形成了环状网,连接管的作用在于局部管线损坏时,可以通过它重新分配流量,从而缩小断水范围,较可靠地保证供水。

干管一般按城市规划道路定线,但尽量避免在高级路面或重要道路下通过,以减小今后检修时的困难。管线在道路下的平面位置和标高,应符合城市或厂区地下管线综合设计的要求,给水管线和建筑物、铁路以及其他管道的水平净距,均应参照有关规定。管网布置应尽量少穿河流铁路等地面障碍物。近期规划尽量减少动迁房屋等,尽量保证管道双侧配水,以提高管道的利用率。

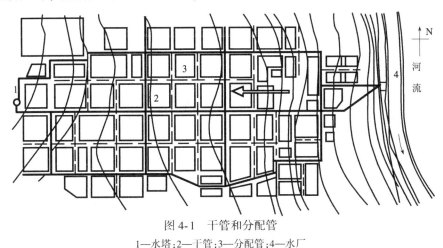

图 4-1 干管和分配管
1—水塔;2—干管;3—分配管;4—水厂

2. 工业企业管网

工业企业内的管网布置有它的特点。根据企业内的生产用水和生活用水对水质和水压的要求,两者可以合用一个管网,或者可按水质或水压的不同要求分建两个管网。即使是生产用水,由于各车间对水质和水压要求不完全一样,因此在同一工业企业内,往往根据水质和水压要求,分别布置管网,形成分质、分区的管网系统。消防用水管网通常不单独设置,而是由生活或生产给水管网供给消防用水。

4.1.3 给水管网设计资料

1. 统一给水系统

统一给水系统是常见的一种给水系统布置形式。如图 4-2 所示,整个城市的全部用水户均由一个水源提供水。复杂的给水系统,一般情况下是由统一给水系统发展起来的,而且统一给水系统的管网系统是以树状网为基础,发展成环状网的。

【例 1】 城市概况:A 市位于我国华北地区,该市拥有人口 43.0 万,属于中等型城市,一条铁路贯穿城区,一条河流东西横亘于该市中心,城市位于河的南岸,铁路把城市分为两个区。该市有 3 个大型的工厂，Ⅰ区有 B 厂一座，靠近河流的上游，离水源较近；Ⅱ区内有 A 厂、C 厂两座，C 厂位于城市下游。

原始资料：

(1) A 市城市道路规划设计平面图比例 1:10000。

(2) 城市各区人口密度：Ⅰ区：15.0 万人；Ⅱ区：28.0 万人。

(3) 城市居住房中的卫生设备情况：Ⅰ区：室内有卫生设备；Ⅱ区：室内有卫生设备+淋浴+热水。

(4) 该城市房屋的平均层数：Ⅰ区：5 层；Ⅱ区：6 层。

(5) 该城市有下列工业企业，具体资料见表 4-1，其位置见城市总平面图 4-2，火车站的用水量为 1000 m³/d。

使用城市给水管网的工厂情况　　　　　　　　　　　表 4-1

工 厂	A	B	C
生产用水(m³/d)	9000	6116.64	9000
工人数(人)	总数 960 人 分三班，每班 320 人	总数 600 人 分三班，每班 200 人	总数 750 人 分三班，每班 250 人
热车间工人数(人)	每班 100 人	每班 120 人	每班 50 人
使用淋浴者(人)	每班 100 人	每班 120 人	每班 50 人

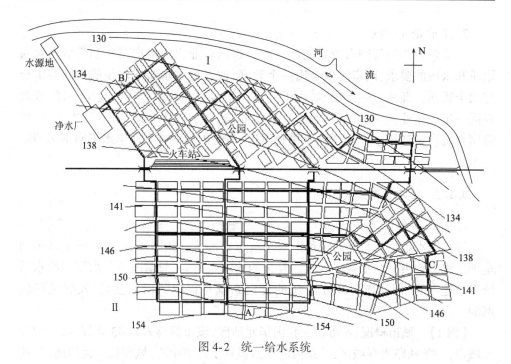

图 4-2　统一给水系统

(6) 自然概况

城市土壤种类为黏土,地下水位深度 5.5m,冰冻线深度 0.60m,年降水量 650mm,城市最高温度 42.5℃;城市最低温度 -16℃;年平均温度 12℃,主导风向,夏季东南风,冬季西北风。自来水厂处的土壤种类为黏土,地下水位深度 5.5m。

(7) 给水水源

给水水源为地面水源,河流最大流量 3200m³/s;最小流量 2500m³/s。最大流速:1.7m/s。最高水位(1%)132.00m;常水位 130.00m;最低水位(97%)125.00m;冰冻期水位 127.00m。最低水位时河宽 28m;冰冻最大厚度 40mm。该河流为通航河流。

2. 分质给水系统

分质给水系统可以满足不同用户的水质要求,是一种经济实用的给水系统布置形式。分质给水系统形式有统一水源分质、不同水源分质、不同水处理工艺分质等。

【例 2】 B 市是我国华北地区的一座中等型城市,占地 18.5km²。人口近 30.0 万人。该市地势东南高,西北低,城市西北面海拔高度约为 304.00m,东南面海拔高度约为 311.00m。坐落在河流东岸的一条铁路在城市中间由西向东穿过,并由城市中部折向东南。铁道把城市分为道南和道北两区。道南地势高,最高楼层为 5 层;道北地势较平坦,最高楼层为 6 层,且有两个工厂:化工厂和皮革厂。见图 4-3。化工厂日生产用水量为 25000m³/d,皮革厂日生产用水量为 1000m³/d。随着人口的增长和生产的发展,该市需要新建给水工程,给水工程设计为 20 年规划期,投资偿还期取 7 年。

该市地表水丰富,河流最大流量 2200m³/s,最小流量 1030m³/s,为此确立以地表水为水源的方案。水厂建设在城市的西南方,取水头设于河流上游凹岸。整个城市被铁路分成两部分,道南区楼层高,且东南部地势较高;道北区的化工厂日用水量很高,采用分质供水较为经济合理。

原始资料:

(1) B 市城市总体规划道路平面图比例:1:10000。

(2) 城市各区人口密度:道南区:9.0 万人;道北区:21.0 万人。

(3) 城市居住房中的卫生设备情况:道南区:室内有给排水设施,无淋浴设备;道北区:同道南区。

(4) 该城市房屋的平均层数:道南区:6 层;道北区:5 层。

(5) 该城市有下列工业企业,具体资料见表 4-2,其位置见城市总平面图 4-3,火车站的用水量为 8000m³/d。

(6) 自然概况

城市土壤种类为黏土,静止地下水位埋深 8.2m,冰冻线深度 0.8m,年降水量

970mm,主导风向西南风。自来水厂处的土壤种类为黏土,地下水位埋深8.2m。

(7)给水水源

给水水源为地面水源,最大流量2200m³/s;最小流量1030m³/s。最大流速:2.4m/s。最高水位(1%)300.00m;常水位298.00m;最低水位(97%)295.00m。最低水位时河宽200m。该河流为通航河流。

使用城市给水管网的工厂情况 表4-2

工　　厂	化　工　厂	皮　革　厂
生产用水(m³/d)	25000	1000
工人数(人)	总数1200人 分三班,每班400人	总数900人 分三班,每班300人
热车间工人数(人)	每班250人	每班200人
使用淋浴者(人)	每班120人	每班120人

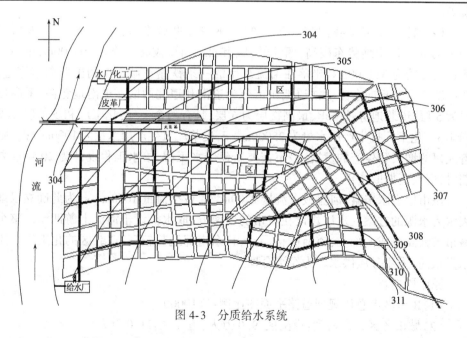

图4-3 分质给水系统

3. 多水源给水系统

多水源给水系统,是指同一个给水管网有两个以上水源同时向管网内的用水户供水的布置形式。

【例3】 D城市位于我国东北地区的一座小城。该市交通便利,工业发达,有公路、铁路及水路运输。该城市总人口约26万。一条铁路从城市中部穿过,把该城分为南北两个城区,且城市南北两面分别有河流流过,不但给城市带来了勃勃生机,更重要的是为城市提供了水质良好、水量充沛的给水水源。

原始资料:
(1)城市总体规划道路平面图比例:1:10000。
(2)城市各区人口密度:南区:11万人;北区:15万人。
(3)卫生设备情况:南区:室内有卫生设备;北区:室内有卫生设备+淋浴+热水。
(4)该城市房屋的平均层数:南区:5层;北区:6层。
(5)该城市有下列工业企业,其位置见城市总平面图4-4。

化肥厂、化工厂和制药厂的日生产总用水量分别为:$4600m^3/d$、$3900m^3/d$ 和 $4500m^3/d$。火车站用水量 $1000m^3/d$。

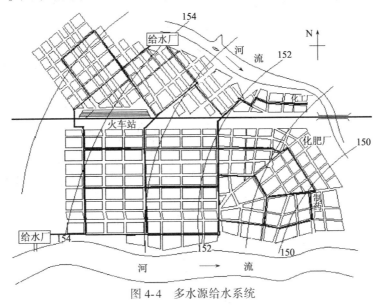

图4-4 多水源给水系统

(6)自然概况

城市土壤种类为黏土,地下水位埋深7.0m,冰冻线深度1.00m,年降水量690mm,城市最高温度33℃;城市最低温度-20℃;年平均温度8℃,主导风向:夏季西南;冬季西北。自来水厂处的土壤种类为黏土,地下水位埋深7.0m。

(7)给水水源

给水水源为地面水源,最大流量 $3800m^3/h$;最小流量 $500m^3/h$。最大流速:1.9m/s。最高水位148.00m;常水位145.00m;最低水位(97%)142.00m;冰冻期水位143.00m。最低水位时河宽100m,冰的最大厚度0.8m,无潜水,无锚定冰。该河流为运送木材的河流,通航河流。

4. 分区给水系统

分区给水系统,是一种节省供水能耗的给水系统布置形式。分区给水系统有串联分区和并联分区两种形式。

【例4】 我国东北地区的城市C市,现有人口39.0万,交通发达,有公路铁路和水路运输,该市地势平坦,南部有一条河流自西向东流过,为城市提供了水质良好且充沛的给水水源。该市被一条横贯全市的铁路划分为两个小区,且一区地势高,要求绝对水压高,如果采用统一给水系统,会增加供水动力费用。因此采用分区供水形式,虽然提高了基建投资,但降低了低压管网水压,减少了漏失量,降低能耗,供水安全可靠。城市总平面图见图4-5。

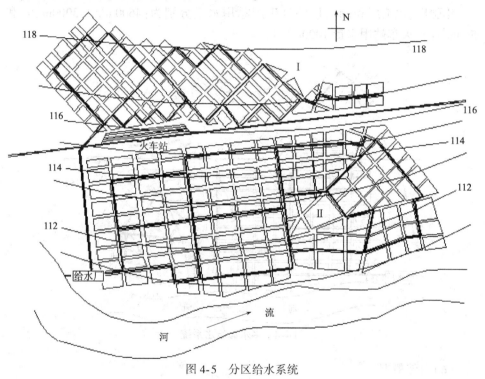

图4-5 分区给水系统

4.1.4 给水管网定线说明

1. 统一给水系统:整个城市全部用水户均由一个水源(水厂)提供水量。由于地区的发展,会造成管网的发展增加,致使管网首末端压力差较大,随之带来管网漏失率也会增大,同时也会增加管网维护的工作量和费用,这些是统一给水的基本特征。对于这种布置形式,在管网定线时,首先要明确大用户的具体位置,其次要考虑城区发展的趋势。在平行于城市发展的方向上,应布置干管,这样就形成了环状网的主体框架。

2. 分质给水系统:将不同水质标准的水经过管网送至不同的用户是分质给水

系统的特征。对于这种布置形式,在管网定线时,首先要把对水质有不同要求(或特殊要求)的用户进行分区,这将影响干管的走向。其次,要确定分质给水的水源位置,在布置管线时应以从水源至大用户距离最短为原则。

3. 分区给水系统:根据地形高差或用户对自由水头的不同要求在同一城区内形成有相对独立的不同供水压力的管网系统,这是分区给水系统的基本特征。对于这种布置形式,在管网定线时,首先要明确分区的形式,即串联分区或并联分区。这样可确定分区管网的起始点(即泵站)。其次,要根据用户的分布情况,划分分区的区域范围。

4. 多水源给水系统:统一管网与两个以上的水源水厂相连以提高供水安全性是多水源给水系统的基本特征。对于这种布置形式,在管网定线时,首先在水源(水厂)相对的方向上布置干管。其次应考虑水源(水厂)检修时,在供水分界线附近应保持与干管相同的布置形式,以满足事故时的要求。

设计到底采用何种给水系统应根据城市的实际情况做多方案的技术经济比较确定。

4.2 用水量计算

给水系统设计时,首先应确定该系统在设计年限内达到的用水规模,给水系统中的取水、水处理、泵站和管网等设施的设计都是根据设计用水量规模确定其设计计算水量,因此会直接影响建设投资和运行费用。设计用水量由下列各项组成:

(1)居民生活用水。包括居民生活用水和公共建筑及设施用水,不包括城市浇洒道路、绿化和市政等用水;

(2)工业企业生产用水和工作人员生活用水;

(3)消防用水;

(4)浇洒道路和绿地用水;

(5)市政用水、冲洗汽车、建筑用水;(此设计中将该项忽略)

(6)未预计水量及管网漏失水量。

在给水工程用水量的预测中,近年来都在增加提高节水意识的前提下推广节水卫生设备,搞节水工业,提高工业废水重复利用率,把污水看做是人类第二水源的同时,把城市污水经处理后的部分水量回用的中水回用量、雨水利用量和海水利用量加到用水量的预测中去,这样减少了工业用水量和生活用水量的数量。

4.2.1 用水量标准

1. 居民生活用水

城市居民生活用水量由城市人口、每人每日平均生活用水量和城市给水普及率等因素确定。这些因素随城市规模的大小而变化。通常,住房条件较好、给水排水设备较完善、居民生活水平相对较高的大城市,生活用水量标准也较高。

影响生活用水量的因素很多,设计时如缺乏实际用水量资料,则居民生活用水标准和综合用水标准可参照(室外给水设计规范)的规定。

2. 工业企业生产用水和工作人员生活用水

工业企业生产用水一般是指工业企业在生产过程中,用于冷却、空调、制造、原料加工、净化和洗涤方面的用水。

工业用水指标一般以万元产值用水量表示。不同类型的工业,万元产值用水量不同。

有些工业企业的规划,往往不是以产值为指标,而以工业产品的产量为指标。此时工业企业用水量为工业产品数量乘以单位产品平均用水量。

生产用水量通常由企业的工艺部门提供。在缺乏资料时,可参考同类型企业用水指标。工业企业内工作人员生活用水量和淋浴用水量可按《工业企业设计卫生标准》。工作人员生活用水量应根据车间性质决定,一般车间采用每人每班25L,高温车间采用每人每班35L。工业企业内工作人员的淋浴用水量,可参照《给水排水设计手册》的规定。淋浴时间在下班后一小时内进行。

3. 消防用水

消防用水只在火灾时使用,历时短暂,但从数量上说,它在城市用水量中占有一定的比例,尤其是中小城市所占比例甚大。消防用水量、水压和火灾延续时间等,应按照现行的《建筑设计防火规范》和《高层民用建筑设计防火规范》等执行。城市或居住区的室外消防用水量,应按同时发生的火灾次数和一次灭火的用水量确定。

工厂、仓库和民用建筑的室外消防用水量,可按同时发生火灾的次数和一次灭火的用水量确定。

4. 其他用水

浇洒道路和绿化用水量应根据路面种类、绿化面积、气候和土壤等条件确定。浇洒道路用水量一般为 $1\sim1.5L/(次\cdot m^2)$,每天两次。大面积绿化用水量可采用 $1.5\sim2.0L/(次\cdot m^2)$,每天两次,汽车冲洗水量采用 $300L/(d\cdot 辆)$。

城市的未预见水量和管网漏失水量可按最高日用水量的 15%~25% 合并计算;工业企业自备水厂的上述水量可根据工艺和设备情况确定。

给水工程最高日用水量为工程设计水量规模,是设计取水工程、输水工程和净水工程的主要依据。最高日最大时设计水量主要用于管网计算。

4.2.2 最高日用水量计算

【例5】 根据【例1】A 城市的基础资料,按统一给水系统,计算该市最高日用水量。

【解】 给水管网定线和布置见图 4-2。

1. 居住区综合生活用水量

居住区生活用水的人口数：Ⅰ区：15万人；Ⅱ区：28万人。居住区综合用水量标准：该市位于中国的华北地区。

(1) Ⅰ区室内仅有给排水设备

$$q_i = 100\text{L/d} \cdot \text{人};$$

(2) Ⅱ区室内除了有给排水设备，且有淋浴设备和热水。$q_i = 150\text{L}/(\text{d} \cdot \text{人})$，居住区生活用水量：

$$Q = \sum Q_i = \sum q_i N_i$$

(3) 城市或居住区的最高日综合生活用水量为：

$$Q_1 = qNf \, (\text{m}^3/\text{d})$$

式中 q——最高日生活用水量标准，$\text{m}^3/(\text{d} \cdot \text{人})$；

N——设计年限内计划人口数；

f——自来水普及率，%，此按100%计。

计算得到 Ⅰ区：$Q_1 = 100 \times 15 \times 10^4 \times 10^{-3} = 15000\text{m}^3/\text{d}$；

Ⅱ区：$Q_2 = 150 \times 28 \times 10^4 \times 10^{-3} = 42000\text{m}^3/\text{d}$。

城市各区的用水量定额不同时，最高日用水量应等于各区用水量的总和：

$$Q_1 = \sum q_i N_i f_i$$

$$Q = \sum Q_i = Q_1 + Q_2 = 15000 + 42000 = 57000\text{m}^3/\text{d}$$

此项也可以按居民生活用水标准乘以居民区人口，再乘以供水普及率算得居民最高日生活用水加上公共建筑用水，一般为居民生活用水的百分数。这个百分数根据城镇性质及状况而定，特殊情况可超过100%，公共建筑生活用水量也可按公共建筑生活用水量标准计算。

2. 工业及大用户集中用水量

城市管网同时供给工业企业用水时，工业生产用水量为：

$$Q_4 = qB(1-n) \, (\text{m}^3/\text{d})$$

式中 q——城市工业万元产值用水量，m^3/万元；

B——城市工业总产值，万元；

n——工业用水重复利用率。

(1) 工业用水量

A厂：9000.00m^3/d；B厂：6116.64m^3/d；C厂：9000.00m^3/d。

生产总用水量：9000.00+6116.64+9000.00=24116.64m^3/d。

(2) 职工淋浴用水量

由《给水排水设计手册》第三册,淋浴用水量标准,一般车间按每人每班40L,高温车间按每人每班60L。得到,A厂:$3×100×0.06=18.00m^3/d$;B厂:$3×120×0.06=21.60m^3/d$;C厂:$3×50×0.06=9.00m^3/d$。

淋浴总用水量:$18.00+21.60+9.00=48.60m^3/d$。

(3)职工生活用水量

由《给水排水设计手册》第三册,高温车间每人每班45L,一般车间每人每班35L。

① A厂:$3×(220×0.035+100×0.045)=36.60m^3/d$

② B厂:$3×(80×0.035+120×0.045)=24.6m^3/d$

③ C厂:$3×(200×0.035+50×0.045)=27.75m^3/d$

职工生活总用水量:$36.6+32.6+27.75=96.95m^3/d$

(4)各工厂用水量

A厂:$18.00+36.60=54.60m^3/d$;B厂:$21.60+32.60=54.20m^3/d$;C厂:$9.00+27.75=36.75m^3/d$。

工业用水量:$24116.64+48.60+96.95=24261.79m^3/d$

3. 火车站用水量:$1000m^3/d$

4. 浇洒道路和城市绿化用水

本设计浇洒道路取1.00L/次·m²,每日两次,绿化用水1.80L/(次·m²),每日两次。

①道路用水:$2×1×250000×10^{-3}=500m^3/d$

②绿化用水:$1.8×(70000×70\%+57500×70\%)×2×10^{-3}=573.3m^3/d$

③道路与绿化总用水:$500+573.3=1073.3m^3/d$

5. 最高日用水量的计算

最高日设计流量=居住区综合用水量+工业及大用户集中用水量+浇洒道路和绿化用水+未预见水量及管网漏水量。

由《给水排水设计手册》第三册知,未预见水量取前几项总量的20%。

则最高日用水量:

$(15000+42000+24116.64+1073.3)×1.2=100000m^3/d$

6. 最高日最高时设计流量

$$Q_h = \frac{1000×K_h Q_d}{24×3600} = \frac{K_h Q_d}{86.4}(L/s)$$

式中 K_h——时变化系数;

Q_d——最高日设计用水量,L/s。

各种水量计算列表进行。由图中显示最高时用水量发生在8-9时,此时用水量为$5164.87m^3/h$。见附录表4-1。

根据该图可以求出该市最高日用水量变化曲线,如图4-6。

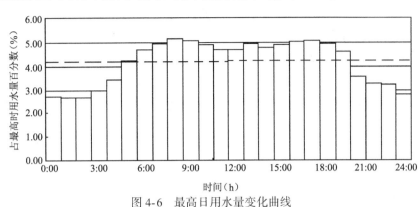

图4-6 最高日用水量变化曲线

说明:1. 最高日用水量曲线为各种用水量的小时水量按小时叠加列表得到最高日每小时水量,再绘成曲线图而得。
2. 该市最高日设计水量10万 m^3/d,则平均时为 $4166.67m^3/h$,最高日时变化系数为5164.87/4166.67=1.24。

4.3 给水管网水力计算

4.3.1 节点流量计算

1. 比流量计算

城市给水管线中,干管配水情况比较复杂。计算时往往加以简化,即假定用水量均匀分布在全部干管上,由此算出干管单位长度的流量,叫做管长比流量。假定用水量均匀分布在管道服务面积上可得到管道面积比流量。此法较准确但很复杂,一般多采用管长比流量,其计算式如下:

$$q_s = \frac{Q - \sum q}{\sum l}$$

式中 q_s——管长比流量,L/(s·m);

Q——管网总用水量,L/s;

$\sum q$——大用户集中用水量总和,L/s;

$\sum l$——干管总长度,m,不包括穿越广场、公园等无建筑物地区的管线;只有一侧配水的管线,长度按一半计算。

从上式中看出干管的总长度一定时,比流量随用水量增减而变化,最高日最大用水时和最大转输时的比流量不同，所以在管网计算时须分别计算。

管段服务长度乘上管长比流量为该管段需要配出水量。

2. 节点流量计算

管网任一节点的节点流量为：

$$q_i = \alpha \sum q_1 = 0.5 \sum q_1$$

即某一节点总流量等于该节点连接的所有管段流量和的一半。其包括由沿线流量折算的节点流量和大用户的集中流量。大用户的集中流量，可以在管网图上单独注明，也可和节点流量加起来，在相应节点上注出总流量。一般在管网计算图的节点旁引出箭头，注明该节点的流量，以便于进一步计算。

4.3.2 给水管网流量分配

1. 流量分配的概念与原则

任一管段的计算流量包括该管段的节点流量和通过该管段输送到相连管段的转输流量。为了初步确定管段计算流量，必须按最大时用水量进行流量分配，得出各管段计算流量后，才能据此流量确定管径和进行水力计算，所以流量分配在管网计算中是一个重要环节。

2. 树状网流量分配

单水源的树状网中，从水源（二级泵站高地水池等）供水到各节点只有一个流向，如果任一管段发生事故时，该管段以后的地区就会断水，因此任一管段的流量等于该管段以后（顺水流方向）所有节点流量的总和，例如图4-7中管段3-4的流量为：

$$q_{3-4} = q_4 + q_5 + q_8 + q_9 + q_{10}$$

管段4-8的流量为：

$$q_{4-8} = q_8 + q_9 + q_{10}$$

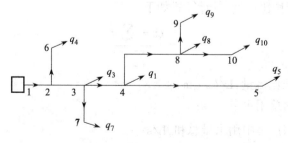

图4-7 树状网流量分配

可以看出树状网的流量分配比较简单，管段的流量易于确定，并且每一管段只有惟一的流量值。

3. 环状网流量分配

给水管网管段计算流量的分配是在节点流量求出的基础上,根据流量的连续性方程来完成的。对树状网,管段计算流量是惟一的;而对于环状网,则不具有惟一性。因此环状网的管段计算流量的分配是一项技术性强且要凭经验判断的工作。

环状网的流量分配中对每一管段不能得到惟一的流量值。分配流量时,必须保持每一节点的水流连续性,也就是流向任一节点的流量必须等于流离该节点的流量,以满足节点流量平衡的条件,用公式表示为:

$$q_i + \sum q_{ij} = 0$$

式中 q_i——节点 i 的节点集中流量,L/s;

q_{ij}——从节点 i 到节点 j 的管段流量,L/s。

规定离开节点的管段流量为正,流向节点的为负。

图 4-8 中节点 5 的流量计算为:

$$q_5 + q_{5-6} + q_{5-8} - q_{2-5} - q_{4-5} = 0$$

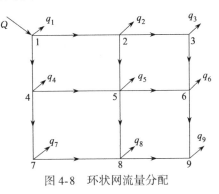

图 4-8 环状网流量分配

4.3.3 给水管网管径的确定

1. 经济流速与界限流量

(1)经济流速与经济管径

$$q = Av = \frac{\pi D^2}{4} v$$

式中 A——水管断面积,m²;

D——管段直径,m;

q——管段流量,m³/s;

v——流速,m/s。

从上式可知,管径不但和管段流量有关,而且和流速的大小有关,如管段的流量已知但是流速未定,管径还是无法确定,因此要确定管径必须先选定流速。

为了防止管网因水锤现象出现事故,最大设计流速不应超过 2.5~3m/s,在输送浑浊的原水时,为了避免水中悬浮物质在水管内沉积,最低流速通常不得小于 0.6m/s。从上式可以看出流量已定时,管径和流速的平方根成反比。流量相同时,如果流速取得小些,管径相应增大,此时管网造价增加,管段中的水头损失却相应减小,水泵所需扬程可以降低,经常的输水电费可以节约。反之,如果流速用得大些,管径虽然减小,管网造价有所下降,但因水头损失增大,经常的电费势必增加。因此,一般采用优化方法求流速或管径的最优解,在数学上表现为求一定年限 t(称为投资偿还期)内管网造价和管理费用(主要是电费)之和为最小的流速,称为经济流速,以经济流速确定的管径,称为经济管径。设 C 为一次投资的管网造价,M 为每年管理费用,W_t 投资偿还期 t 年内总费用,管理费用中包括电费 M_1 和折旧费(包括大修理费)M_2。后者和管网造价有关,可表示为 $pC/100$,按静态经济比较,可以得出下式:

$$W_t = C + Mt$$

$$W_t = C + \left(M_1 + \frac{p}{100}C\right)t$$

或

$$W = \frac{C}{t} + M = \left(\frac{1}{t} + \frac{p}{100}\right)C + M_1$$

式中　W——一年的折算费用。

也可采用动态经济比较(年最小成本法)得到结果是一样的,此不重述。

(2) 平均经济流速

由于实际管网的复杂性,加之情况在不断变化,例如流量在不断增长,管网逐步扩展,许多经济指标如水管价格、电费等也随时变化,要从理论上求出管网最优和年管理费用相当复杂且有一定的难度。在条件不具备时,设计中也可采用平均经济流速来确定管径,得出的是近似经济管径。

一般大管径可取较大的平均经济流速,小管径可取较小的平均经济流速。

重力供水时,由于水源水位高于给水区所需水压,两者的标高差 H 可使水在管内重力流动。此时,各管段的经济管径或经济流速,应按输水管渠和管网通过设计流量时的水头损失总和等于或略小于可以利用的标高差来确定。

(3) 界限流量

按经济管径公式求出的管径,是在某一流量下的经济管径,但不一定等于市售的标准管径。由于市售水管的标准管径分档较少,因此,每种标准管径不仅有相应的最经济流量,并且有其经济的界限流量范围,在此范围内用这一管径都是经济的,超出界限流量范围就须采用大一号或小一号的标准管径,见表4-3。根据相邻两标准管径 D_{n-1} 和 D_n 的年折算费用相等的条件,可以确定界限流量。这时相应的流量 q_1 即为相邻管径的界限流量,也就是说 q_1 为 D_{n-1} 的上限流量,又是 D_n 下限流量。用同样方法求出相邻管径 D_n 和 D_{n+1} 的界限流量 q_2,这时相应的流量 q_2 即为相邻管径的界限流量,也就是说 q_2 为 D_n 的上限流量,又是 D_{n+1} 下限流量。凡是管段流量在 q_1 和 q_2 之间的,应选用 D_n 的管径,否则不经济。如果流量恰好等于 q_1 或 q_2,因两种管径的年折算费用相等,都可选用。标准管径的分档规格越少,则每种管径的界限流量范围越大。

城市的管网造价、电费、用水规律和所用水头损失公式等均有不同,所以不同城市的界限流量不同,决不能任意套用。即使同一城市,管网建造费用和动力费用等也有变化,因此,必须根据当时当地的经济指标和所用水头损失公式代入下式确定界限流量。

$$q_1 = \left(\frac{m}{fa}\right)^{\frac{1}{3}} \left(\frac{D_n^\alpha - D_{n-1}^\alpha}{D_{n-1}^{-m} - D_n^{-m}}\right)$$

界限流量表 表 4-3

管 径 (mm)	界限流量 (L/s)	管 径 (mm)	界限流量 (L/s)	管 径 (mm)	界限流量 (L/s)
100	<9	350	68~96	700	355~490
150	9~15	400	96~130	800	490~685
200	15~28.5	450	130~168	900	685~822
250	28.5~45	500	168~237	1000	822~1120
300	45~68	600	237~355		

2. 管径的确定

根据折算流量可以求出标准管径:

$$q_0 = \sqrt[3]{fq_{ij}} \sqrt[3]{\frac{Qx_{ij}}{q_{ij}}}$$

$$q_0 = \sqrt[3]{fq_{ij}}$$

两式的区别在于,前者考虑到管网内各管段之间的相互关系,此时须通过管网技术经济计算求得管段的 x_{ij} 值;而后者指单独工作的管线,并不考虑该管与管网中其他管段的关系。根据上两式求得的折算流量 q_0,查表即得经济的标准管径。

给水管网按远期规划定线、设计水量,进行管网平差,确定管径。近期规划的管道按远期规划的管径,进行近期管网平差,确定近期水泵扬程,做好近期与远期结合。

【例6】 本节计算环状给水管网的比流量、沿线流量、节点流量,并进行流量初步分配和管径的确定,基础数据参见【例1】。

【解】

(1)最高日最高时各区的生活用水

Ⅰ区:$Q_{Ⅰ生活} = 6.00\% \times 15000 = 900.00 \text{m}^3/\text{h} = 250.00 \text{L/s}$

Ⅱ区:$Q_{Ⅱ生活} = 6.00\% \times 42000 = 2520.00 \text{m}^3/\text{h} = 700.00 \text{L/s}$

Ⅰ区最高时用水 = 居民用水 + B厂 + 火车站 = 900.00 + 255.86 + 41.67 = 1197.53 m³/h

Ⅱ区最高时用水 = 居民用水 + A厂 + C厂 = 2520.00 + 376.5 + 376.15 = 3272.65 m³/h

(2)各区管线长度和未预见水量

干管的总长度不计穿越广场,公园等无建筑地区的管线;只有单侧供水的管线按实际长度的一半计算。

Ⅰ区：$L_Ⅰ=13320$m　　　　　　Ⅱ区：$L_Ⅱ=22044$m

$Q_{Ⅰ未预见}=(13320×694.69)/(13320+22044)=261.66$m³/h$=72.68$L/s

$Q_{Ⅱ未预见}=(22044×694.69)/(13320+22044)=433.03$m³/h$=120.29$L/s

(3) 最高日最高时比流量的计算

$$q_s=(Q_{生活}+Q_{未预见})/\sum L$$

$q_{sⅠ}=(250.00+72.68)/13320=0.02423$L/(s·m)

$q_{sⅡ}=(700.00+120.29)/22044=0.03721$L/(s·m)

(4) 沿线流量的计算

假定水量均匀分布在干管上，由单位管线长度所配的比流量乘以某管段的长度，即求出沿线流量 q_L，见表4-4。

沿线流量计算　　　　　　　　　　　　　　　　　　表 4-4

Ⅰ区	Ⅱ区
$q_{L1—2}=500×0.02423=12.12$L/s	$q_{L9—10}=1510×0.03721=56.19$L/s
$q_{L2—3}=750×0.02423=18.17$L/s	$q_{L10—11}=1451×0.03721=53.99$L/s
$q_{L3—4}=1160×0.02423=28.11$L/s	$q_{L11—14}=1201×0.03721=44.69$L/s
$q_{L4—5}=960×0.02423=23.26$L/s	$q_{L14—15}=750×0.03721=27.91$L/s
$q_{L5—6}=1120×0.02423=27.14$L/s	$q_{L15—16}=1200×0.03721=44.65$L/s
$q_{L6—7}=1290×0.02423=31.26$L/s	$q_{L11—16}=770×0.03721=28.65$L/s
$q_{L7—8}=1470×0.02423=35.62$L/s	$q_{L16—17}=1450×0.03721=53.96$L/s
$q_{L8—9}=1170×0.02423=28.35$L/s	$q_{L10—17}=750×0.03721=27.91$L/s
$q_{L1—13}=900×0.02423=21.81$L/s	$q_{L17—18}=1360×0.03721=50.61$L/s
$q_{L13—14}=990×0.02423=23.99$L/s	$q_{L18—19}=1190×0.03721=44.28$L/s
$q_{L4—12}=900×0.02423=21.81$L/s	$q_{L9—19}=700×0.03721=26.05$L/s
$q_{L12—11}=850×0.02423=20.60$L/s	$q_{L19—20}=610×0.03721=22.70$L/s
$q_{L6—10}=1260×0.02423=30.53$L/s	$q_{L20—21}=560×0.03721=20.84$L/s
	$q_{L21—22}=1050×0.03721=39.07$L/s
	$q_{L22—23}=1100×0.03721=40.93$L/s
	$q_{L23—24}=1310×0.03721=48.75$L/s
	$q_{L23—17}=871×0.03721=32.41$L/s
	$q_{L24—25}=700×0.03721=26.05$L/s
	$q_{L25—16}=1150×0.03721=42.79$L/s
	$q_{L25—26}=1201×0.03721=44.69$L/s
	$q_{L15—26}=1160×0.03721=43.16$L/s

(5) 节点流量

节点流量可按公式计算 $q_{节} = 0.5 \sum q_L + q_{集中}$,节点流量计算见表 4-5,管段初分流量分配见表 4-6。

节点流量计算 表 4-5

$q_1 = 1/2(12.12+21.81) = 16.97$L/s	$q_{14} = 1/2 \times 23.99 + 1/2 \times (44.69+27.91)$ $= 48.30$L/s
$q_2 = 1/2(12.12+18.17) + 71.07 = 86.22$L/s	$q_{15} = 1/2(44.65+27.91+43.16)$ $= 57.86$L/s
$q_3 = 1/2(18.17+28.11) = 23.14$L/s	$q_{16} = 1/2(44.65+28.65+53.96+42.79)$ $= 85.03$L/s
$q_4 = 1/2(28.11+23.26+21.81) = 36.59$L/s	$q_{17} = 1/2(53.96+27.91+50.61+32.41)$ $= 82.45$L/s
$q_5 = 1/2(23.26+27.14) = 25.20$L/s	$q_{18} = 1/2(50.61+44.28) = 47.45$L/s
$q_6 = 1/2(27.14+31.26+30.53) = 44.47$L/s	$q_{19} = 1/2(44.28+26.05+22.70) = 46.52$L/s
$q_7 = 1/2(31.26+35.62) = 33.44$L/s	$q_{20} = 1/2(22.70+20.84) + 104.49 = 126.26$L/s
$q_8 = 1/2(35.62+28.35) = 31.99$L/s	$q_{21} = 1/2(20.84+39.07) = 29.96$L/s
$q_9 = 1/2(56.19+26.05) + 1/2 \times 28.35 = 55.30$L/s	$q_{22} = 1/2(39.07+40.93) = 40.00$L/s
$q_{10} = 1/2 \times 30.53 + 1/2 \times (56.19+53.99+27.91)$ $= 84.31$L/s	$q_{23} = 1/2(40.93+48.75+32.41) = 61.05$L/s
$q_{11} = 1/2 \times 20.60 + 1/2 \times (53.99+28.65+44.69)$ $= 73.97$L/s	$q_{24} = 1/2(48.75+26.05) + 104.58 = 141.98$L/s
$q_{12} = 1/2(21.81+20.60) = 21.21$L/s	$q_{25} = 1/2(26.05+42.79+44.69) = 56.77$L/s
$q_{13} = 1/2(23.99+21.81) + 11.58 = 34.48$L/s	$q_{26} = 1/2(44.69+43.16) = 43.93$L/s

管段初分流量分配 表 4-6

环 号	管 段	流 量	管 长	管 径
Ⅰ	1—2	396.52	500	700
	2—3	310.3	750	600
	3—4	287.16	1160	600
	4—12	12.95	900	200
	11—12	−8.26	850	200
	14—11	−306.42	1201	600
	14—13	−986.33	990	1000
	1—13	−1021.21	900	1000
Ⅱ	4—5	237.62	960	600
	5—6	212.42	1120	500
	6—10	8.2	1260	200

续表

环 号	管 段	流 量	管 长	管 径
	10—11	-205.37	1451	500
	11—12	8.26	850	200
	4—12	-12.95	900	200
Ⅲ	6—7	159.75	1290	500
	7—8	126.31	1470	450
	8—9	94.32	1170	400
	9—10	-96.91	1510	350
	6—10	-8.2	1260	200
Ⅳ	9—19	135.93	700	400
	19—18	-19.21	1190	200
	18—17	-66.66	1360	350
	10—17	-32.35	750	250
	9—10	96.91	1510	350
Ⅴ	10—11	205.37	1451	500
	11—16	-18.82	770	200
	16—17	-149.47	1450	450
	10—17	32.35	750	250
Ⅵ	11—14	306.42	1201	700
	14—15	-632.01	750	800
	15—16	-227.08	1200	500
	16—11	18.82	770	200
Ⅶ	15—16	227.08	1200	500
	16—25	11.4	1150	200
	25—26	-303.14	1201	600
	15—26	-347.07	1160	600
Ⅷ	16—17	149.47	1450	450
	17—23	32.71	871	250
	23—24	-115.79	1310	400
	24—25	-257.77	700	600
	16—25	-11.4	1150	200
Ⅸ	17—18	66.66	1360	250
	18—19	19.21	1190	200

续表

环 号	管 段	流 量	管 长	管 径
	19—20	108.62	610	400
	20—21	-17.49	560	200
	21—22	-47.45	1050	300
	22—23	-87.45	1100	400
	17—23	-32.71	871	250
Σ		5165.46	35364	17150

4.3.4 树状网水力计算

1. 水力计算特点

树状网的计算比较简单,只有惟一的流量分配。任一管段的干管上流量决定后,即可按经济流速求出管径,并求得水头损失。此后,选定一条干管,将此干管上各管段的水头损失相加,求出干管的总水头损失,即可计算二级泵站所需扬程或水塔所需的高度。这里,控制点的选择可以保证该点水压达到最小服务水头时,整个管网不会出现水压不足地区。如果控制点选择不当而出现某些地区水压不足时,应重新选定控制点进行计算。

干管计算后,得出干管上各节点包括接出支管处节点的水压标高(等于节点处地面标高加服务水头)。因此在计算树状网的支管时,起点的水压标高已知,而支管终点的水压标高等于终点的地面标高与最小服务水头之和。从支管起点和终点的水压标高差除以支管长度,即得支管的水力坡度,再从支管每一管段的流量并参照此水力坡度选定相近的标准管径。

2. 计算过程

【例7】 某城市供水区用水人口5万人,最高日用水量定额为150L/(人·d),要求最小服务水头为157kPa(15.7m)。节点4接某工厂,工业用水量为400m³/d,两班制,均匀使用。城市地形平坦,地面标高为5.00m,管网布置见图4-9。

【解】

(1)总用水量

设计最高日用水量:$50000 \times 0.15 = 7500 \text{m}^3/\text{d} = 312.5 \text{m}^3/\text{h} = 86.81 \text{L/s}$;工业用水量:$400/16 = 25 \text{m}^3/\text{h} = 6.94 \text{L/s}$;总水量为:$\sum Q = 86.81 + 6.94 = 93.75 \text{L/s}$。

(2)管线总长度:$\sum L = 3025 \text{m}$,其中水塔到节点0的管段两侧无用户。

(3)比流量:$q_s = (93.75 - 6.94)/(3025 - 600) = 0.0358 \text{L/(m·s)}$。

(4)沿线流量,略。

(5)节点流量见图4-9。

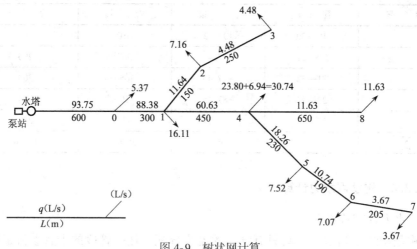

图4-9 树状网计算

(6)因城市用水区地形平坦,控制点选在离泵站最远的节点8,干管各管段的水力计算见表4-7。管径按平均经济流速确定。

干管水力计算　　　　　　　　　　　　　　　　表4-7

干　　管	流量(L/m)	流　速(m/s)	管　径(mm)	水头损失(m)
水塔-0	93.75	0.75	400	1.27
0-1	88.38	0.70	400	0.56
1-4	60.63	0.86	300	1.75
4-8	11.63	0.66	150	3.95
				$\sum h = 7.53$

(7)干管上各支管接出处节点的水压标高为:
节点4:16.00+5.00+3.95=24.95m　　　节点1:24.95+1.75=26.70m
节点0:26.70+0.56=27.26m　　　水塔:27.26+1.27=28.53m
各支管的水力坡度:

$$i_{1-3} = \frac{26.70-(16+5)}{150+250} = \frac{5.70}{400} = 0.01425$$

$$i_{4-7} = \frac{24.95-(16+5)}{230+190+205} = \frac{3.95}{625} = 0.00632$$

参照水力坡度和流量选定支管各管段的管径时,应注意市售标准管径的规格,还应保证支管各管段水头损失之和不得大于允许的水头损失。否则须调整管径重新计算,直到满足要求为止。支管各管投水力计算见表4-8。

(8)求水塔高度和水泵扬程
　　　$H_{塔} = 16.00+5.00+3.95+1.75+0.56+1.27-5.00 = 23.53$m

水塔建于水厂内靠近泵站,因此水泵扬程为:
$$H_泵 = 5.00+23.53+3.00-4.70+3.00 = 29.83\text{m}$$
上式中 3.00m 为水塔的水深,4.70m 为泵站吸水井最低水位标高,3.00m 为泵站内和到水塔的管线总水头损失。

支线水力计算   表 4-8

管 段	流量(L/s)	管径(mm)	i	$h(\text{m})$
1—2	11.64	150	0.00617	1.85
2—3	4.48	100	0.00829	2.07
4—5	18.26	200	0.00337	0.64
5—6	10.74	150	0.00631	1.45
6—7	3.67	100	0.00581	1.19

4.3.5 环状网水力计算

1. 平差计算的目的、原理、方法

(1) 平差计算的目的

使得每个环各管段计算的流量能够满足能量方程,据此求出各管段的直径和水头损失以及水泵扬程与水塔高度。

(2) 平差计算的原理

平差计算的原理是基于质量守恒和能量守恒。由此得出连续性方程和能量方程。

连续性方程是在假定离开节点的流量为正,流向节点的流量为负的基础上和流量成一次方关系的线性方程。

$$\left.\begin{array}{r} (q_i + \sum q_{ij})_1 = 0 \\ (q_i + \sum q_{ij})_2 = 0 \\ \cdots\cdots \\ (q_i + \sum q_{ij})_n = 0 \end{array}\right\}$$

如管网有 J 个点只可以写出 $J-1$ 个独立方程。

采用水流顺时针方向的管段水头损失为正,逆时针方向的为负,每个环水头损失闭合差等于 0,由此得出能量方程:

$$\left.\begin{array}{r} \sum (h_i)_{\text{I}} = 0 \\ \sum (h_i)_{\text{II}} = 0 \\ \cdots\cdots \\ \sum (h_i)_L = 0 \end{array}\right\}$$

式中,$i,j,\ldots\ldots L$ 表示管网各环编号。

管段压降方程,表示管段流量和水头损失的关系:

$$q_i = \sum_1^N \left[\pm \left(\frac{H_i - H_j}{S_{ij}} \right)^{1/n} \right]$$

式中　H_i,H_j——节点 i 和 j 对某一基准点的水压;

S_{ij}——管道摩阻;

N——连接该节点的管段数。

(3)平差计算的方法

给水管网计算实质上是联立求解连续性方程、能量方程、管段压降方程。

在管网水力计算时,根据求解的未知数是管段流量还是节点水压,可以分为解环方程、解节点方程和解管段方程三类,在具体求解过程中可采用不同的算法。

①解环方程

管网经流量分配后,各节点已满足连续性方程,可是由该流量求出的管段水头损失,并不同时满足 L 个环的能量方程,为此必须多次将各管段的流量反复调整,直到满足能量方程,从而得出各管段的流量和水头损失。

解环方程时,哈代—克罗斯(Hardy Cross)法是其中常用的一种算法。由于环状网中,环数少于节点数和管段数,相应的以环方程数为最少,因而成为手工计算时的主要方法。

②解节点方程

解节点方程是在假定每一节点水压的条件下,应用连续性方程以及管段压降方程,通过计算调整,求出每一节点的水压。节点的水压已知后即可以从任一管段两端节点的水压差得出该管段的水头损失,进一步从流量和水头损失之间的关系求出管段流量。应用计算机求解节点方程是一种应用广泛的算法。

③解管段方程

该法是应用连续性方程和能量方程,求得各管段流量和水头损失,再根据已知节点水压求出其余各节点水压。

大中城市的给水管网,管段数多达数百条甚至数千条,需借助计算机才能快速求解。

(4)解环方程组的步骤

①根据城镇的供水情况,拟定环状网各管段的水流方向,按每一节点满足 $q_i + \sum q_{ij} = 0$ 的条件,并考虑供水可靠性要求分配流量,得初步分配的管段流量 $q_{ij}^{(o)}$。这里 i,j 表示管段两端的节点编号。

②由 $q_{ij}^{(o)}$ 计算各管段的摩阻系数 $s_{ij}(=a_{ij}l_{ij})$ 和水头损失 $h_{ij}^{(o)} = s_{ij}(q_{ij}^{(o)})^2$。

③假定各环内水流顺时针方向管段中的水头损失为正,逆时针方向管段中的

水头损失为负,计算该环内各管段的水头损失代数和 $\sum h_{ij}^{(0)}$,如 $\sum h_{ij}^{(0)} \neq 0$,其差值即为第一次闭合差 $\Delta h_i^{(0)}$。

如果 $\sum h_{ij}^{(0)} > 0$,说明顺时针方向各管段中初步分配的流量多,逆时针方向管段中分配的流量少,反之,如 $\sum h_{ij}^{(0)} < 0$,则顺时针方间管段中初步分配的流量少,而逆时针方向管段中的流量多。

④计算每环内各管段的 $|s_{ij}(q_{ij}^{(0)})|$ 及其总和 $\sum s_{ij}(q_{ij}^{(0)})$,按下式求出校正流量

$$\Delta q_i = -\frac{\Delta h_i}{2\sum |s_{ij} q_{ij}|}$$

如闭合差为正,校正流量即为负,反之则校正流量为正。

⑤设图上的校正流量 Δq_{ij} 符号以顺时针方向为正,逆时针方向为负。凡是流向和校正流量 Δq_{ij} 方向相同的管段,加上校正流量,否则减去校正流量,据此调整各管段的流量,得第一次校正的管段流量:

$$q_{ij}^{(1)} = q_{ij}^{(0)} + \Delta q_s^{(0)} + \Delta q_n^{(0)}$$

式中 $\Delta q_s^{(0)}$ ——本环的校正流量;

$\Delta q_n^{(0)}$ ——邻环的校正流量。

按此流量再行计算,如闭合差尚未达到允许的精度,再从第2步起按每次调整后的流量反复计算,直到每环的闭合差达到要求为止。手工计算时,每环闭合差要求小于0.5m,大环闭合差小于1.0m。机算时,闭合差的大小可以达到任何要求的精度,但可考虑采用0.01~0.05m。

(5)管网的校核条件

①消防时的流量和水压要求

消防时的管网校核,是以最高时用水量确定的管径为基础,然后按最高用水时另行增加消防时的流量,对其进行流量分配,求出消防时的管段流量和水头损失。计算时,只是除控制点外再增加一个或一个以上集中的消防流量,如按照消防要求同时有两处失火时,则可从经济和安全等方面考虑将消防流量一处放在控制点,另一处放在离二级泵站较远或靠近大用户和工业企业的节点处。虽然消防时比最高用水时所需服务水头要小得多,消防规范明确规定城市低压消防联合给水系统发生消防时不利点服务水头要求 $\geqslant 10m$,但因消防时通过管网的流量增大,各管段的水头损失相应增加,按最高用水时确定的水泵扬程有可能不够消防时的需要,这时须放大个别管段的直径,以减小水头损失。个别情况下因最高用水时和消防时的水泵扬程相差很大,须设专用消防泵供消防时使用。

②最大转输时的流量和水压要求

设对置水塔的管网,在最高用水时,由泵站和水塔同时向管网供水,但在一天内二泵站送水量大于用水量的一段时间里,多余的水经过管网送入水塔内贮存,因此这种管网还应按最大转输时流量来校核,以按最高时确定的水泵扬程能否将水送入水塔。校核时节点流量须按最大转输时的用水量求出。因节点流量随用水量的变化成比例地增减,所以最大转输时的各节点流量可按下式计算:

$$最大转输时节点流量 = \frac{最大转输时用水量}{最高时用水量} \times 最高时该节点的流量$$

然后按最大转输时的流量进行分配和计算,方法和最高用水时相同。

最大转输发生在夜间用水量较小的时候,保证足够的水量存贮在水塔内,供给白天高峰用水量,节约能耗。

③最不利管段发生故障时的事故用水量和水压要求

管网主要管段损坏时必须及时检修,在检修时间内供水量允许减少。一般按最不利管段损坏而需断水检修的条件,校核事故时的流量和水压是否满足要求。至于事故时应有的流量,在城市为最高日最大时设计用水量的70%,工业企业的事故流量按有关规定。

2. 平差计算过程

【例8】 根据上面计算结果,本节进行环状给水管网水力平差计算,基础数据见【例1】。

【解】 统一给水管网平差计算方法采用哈代—克罗斯(Hardy Cross)法,过程及结果见附录表4-2,水头损失的计算采用舍维列夫公式。管网平差水头损失计算也可采用威廉—海森公式,不再叙述。平差计算结果见图4-10。

3. 水泵初选

【例9】 根据【例8】计算结果,选择二泵站水泵。

【解】

(1)控制点推求

在地形图中查出各节点的地势高程。对于每条在流量方向上地势上升的点,最远点必是此线上的控制点。最终确定点24为控制点。

(2)水泵初选

①画出用水量变化曲线

以时段为横坐标,用水量为纵坐标,画出时用水量变化曲线。

②供水制度的确定

从变化曲线上分析得出,宜设二级供水。由于没有水塔,因此第一级供水量即为最大时用水量,第二级供水量为剩下时间内的最大时用水量。

分级结果为:

第一级:Q = 最大时用水量 Q_1 + 净水厂自用水量 = 1451.2L/s(5~20时)

第二级：Q＝最大时用水量 Q_2＋自用水量＝999.3L/s（20～5 时）
其中 Q 为最大时用水量，Q_2 为（20～5）中的最大用水量。

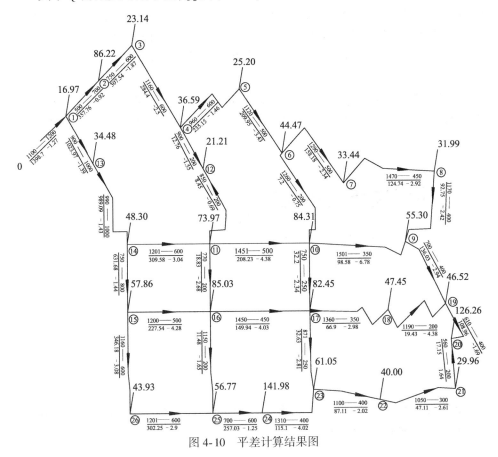

图 4-10　平差计算结果图

③水泵静扬程的推求

水泵扬程由以下几个部分组成：

H_1 为二泵到控制点的地形高差 153－133.5＝19.5m。

H_2 为泵站内水头损失，包括吸水井到泵中心线高势差和局部、摩阻水头损失，取 3m。

H_3 为自由水压，由于平均楼层高 6m，自由水压为 28m。

H_4 为安全水压，一般情况最小取 1.5m，但在本设计中取 0.5m（可以不设）。

所以，水泵所选静扬程为 $H_0 = H_1 + H_2 + H_3 + H_4 = 19.5 + 3 + 28 + 0.5 = 51$m。

(3) 管网特性曲线方程

管网特性曲线方程为 $H = H_0 + sQ^2$，其中 H_0 即为已求出的静扬程 51m。式中，sQ^2 为压水管总水头损失。

s 为摩阻系数 $=(H-H_0)/Q^2$

当 Q 取最大时用水量时，$H-H_0$ 即为二泵站与控制点之间的水头损失。从管线中任选两点之间的一条管线进行计算。本次计算选取左下边缘的管线进行计算，求各该管线上各个节点间的水头损失之和，最终求得该值为 10.41m。又 $Q=1451.2$，得 $S=10.41 \div 1451.2^2=4.94 \times 10^{-6}$，因此方程为 $H=51+4.94 \times 10^{-6} Q^2$，$Q$ 的单位为 L/s。

在坐标纸中绘制出管道特性曲线，且标出一、二级工作点（1451.2，61.4），（999.3，56.0）。对各种水泵的特性曲线进行并联组合，初步确定方案如图 4-11 所示。

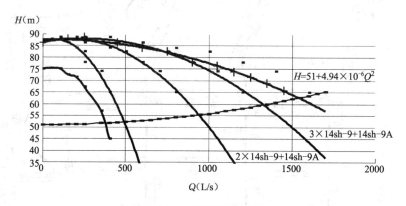

图 4-11 水泵初选方案图

选泵时首先要满足最高时工况的流量和扬程，并使所选水泵特性曲线的高效率范围应该尽量平缓，以适应其他工况的流量。

（4）水泵初选结果

选用 14sh-9 型的水泵 4 台，14sh-9A 型 2 台，其中 2 台 14sh-9 型泵备用，配电机为 Js-138-4。一级时 4 台并联（3 台 14sh-9，1 台 14sh-9A），二级时 3 台并联（2 台 14sh-9，1 台 14sh-9A）。

4. 统一供水时校核计算

【例 10】 根据【例 8】最高时计算结果和【例 9】选泵计算结果，进行消防时和事故时校核。

【解】

（1）消防校核

消防校核计算使用计算机平差程序计算结果，见表 4-9，水头损失计算采用海曾—威廉公式。

消防平差结果见图 4-12。

消防校核时节点流量计算　　　　　　表 4-9

节点编号	q1	q2	q3	q4	q5	q6	q7	q8	q9
流量	16.97	86.22	23.14	36.59	25.20	44.47	33.44	31.99	55.30
节点编号	q10	q11	q12	q13	q14	q15	q16	q17	q18
流量	84.31	73.97	21.21	34.48	48.30	57.86	85.03	82.45	47.45
节点编号	q19	q20	q21	q22	q23	q24	q25	q26	
流量	46.52	201.26	29.96	40.00	61.05	216.98	56.77	118.93	

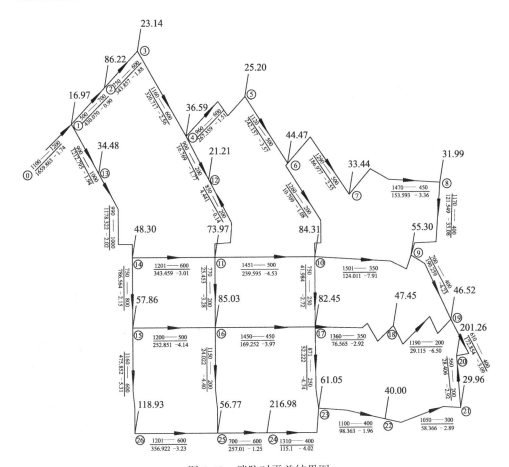

图 4-12　消防时平差结果图

(2) 事故校核

事故时平差结果见图 4-13。

事故时节点流量计算   表 4-10

节点编号	q1	q2	q3	q4	q5	q6	q7	q8	q9
流量	11.879	60.354	16.198	25.613	17.64	31.129	23.408	22.393	38.71
节点编号	q10	q11	q12	q13	q14	q15	q16	q17	q18
流量	59.017	51.779	14.847	24.136	33.81	40.502	59.521	57.715	33.22
节点编号	q19	q20	q21	q22	q23	q24	q25	q26	
流量	32.564	88.382	20.972	28	42.735	99.386	39.739	30.751	

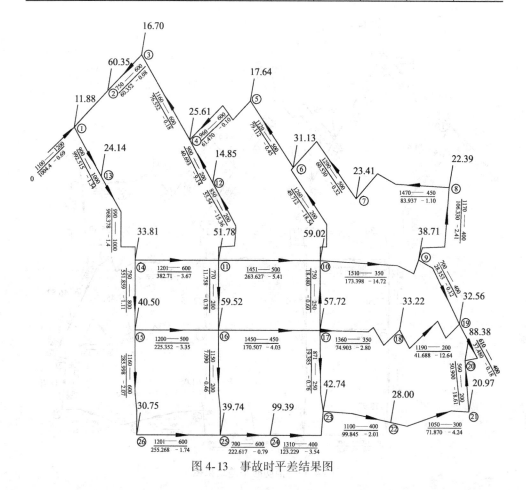

图 4-13 事故时平差结果图

5. 有水塔时管网计算

【例 11】 上例中，如在 24 号节点处增设水塔，进行有水塔时的管网计算。

【解】 此管网的最大时、消防时、事故时、最大转输时的平差结果和其等水压线图如下。

(1) 有水塔时管网水力平差计算

最大用水量时水力平差计算:(略)

最大用水量时平差结果见图4-14。

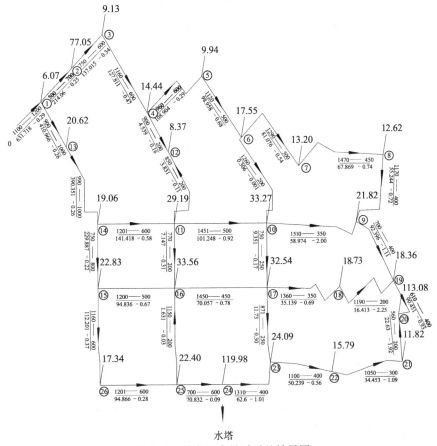

图4-14 最大用水量时平差结果图

(2) 对置水塔时水泵的选择

① 控制点的推求

根据上述控制点推求原则,确定点25为控制点。

② 水泵初选

从用水量变化曲线图分析得出,宜设二级供水。由于设有对置水塔,根据计算第一级供水量即为最大时用水量的4.77%,第二级供水量为最大时用水量的3.16%。

分级结果为:

第一级：$Q_1 = 1338.9 L/s (5 \sim 20$ 时$)$

第二级：$Q_2 = 887.3 L/s (20 \sim 5$ 时$)$

管网特性曲线方程：

本次计算选取左下边缘的管线进行计算，求该管线上各个节点间的水头损失之和，最终求得该值为 6.42m。又 $Q = 1338.9$，得 $S = 3.58 \times 10^{-6}$。

因此方程为 $H = 51 + 3.58 \times 10^{-6} Q^2$。在坐标纸中绘制出管道特性曲线，且标出一、二级工作点$(1325, 63.5)$，$(878.06, 56.7)$。

各种水泵曲线组合方法如下：扬程相同时，各流量相加。下面简述一些选泵的原则和方法。水泵的选择是否合理会直接影响到供水、使用工人的工作强度、用户用水的情况，因此应合理的选择水泵。

③水泵初选结果

选用 14sh-9 型的水泵 4 台，14sh-9A 型 1 台，其中 1 台 14sh-9 型泵备用，配电机为 Js-138-4。一级时 4 台并联（3 台 14sh-9，1 台 14sh-9A），二级时 3 台并联（2 台 14sh-9，1 台 14sh-9A）。

(3) 校核计算

①最大转输时水力计算校核

最大转输时节点流量计算　　　　　　表 4-11

节点编号	q1	q2	q3	q4	q5	q6	q7	q8	q9
流　　量	6.70	77.05	9.13	14.44	9.94	17.55	13.20	12.62	21.82
节点编号	q10	q11	q12	q13	q14	q15	q16	q17	q18
流　　量	33.27	29.19	8.37	20.62	19.06	22.83	33.56	32.54	18.73
节点编号	q19	q20	q21	q22	q23	q24	q25	q26	
流　　量	18.36	113.08	11.82	15.79	24.09	119.34	22.40	17.34	

最大转输时平差结果见图 4-15。

②消防时水力计算校核

消防时节点流量　　　　　　表 4-12

节点编号	q1	q2	q3	q4	q5	q6	q7	q8	q9
流　　量	16.97	86.22	23.14	36.59	25.20	44.47	33.44	31.99	55.30
节点编号	q10	q11	q12	q13	q14	q15	q16	q17	q18
流　　量	84.31	73.97	21.21	34.48	48.30	57.86	85.03	82.45	47.45
节点编号	q19	q20	q21	q22	q23	q24	q25	q26	
流量	46.52	201.26	29.96	40.00	61.05	216.98	56.77	118.93	

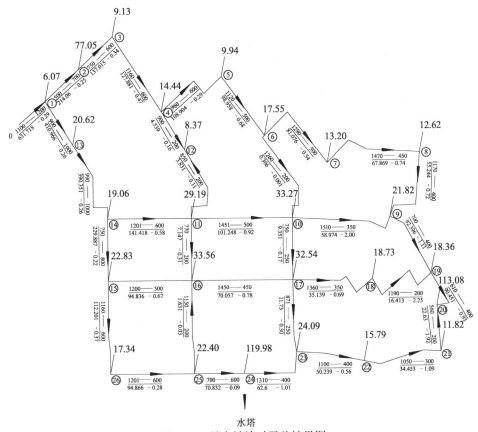

图 4-15 最大转输时平差结果图

消防时平差结果见图 4-16。

③事故时水力计算校核

最大事故时管网平差结果图略。

事故时节点流量计算表　　　　　　　　　　　表 4-13

节点编号	q1	q2	q3	q4	q5	q6	q7	q8	q9
流　量	4.69	53.93	6.39	10.11	6.96	12.28	9.24	8.84	
节点编号	q10	q11	q12	q13	q14	q15	q16	q17	q18
流　量	23.29	20.43	5.86	14.43	13.34	15.98	23.49	22.78	
节点编号	q19	q20	q21	q22	q23	q24	q25	q26	
流　量	12.85	79.16	8.28	11.05	16.86	83.54	15.68	12.14	

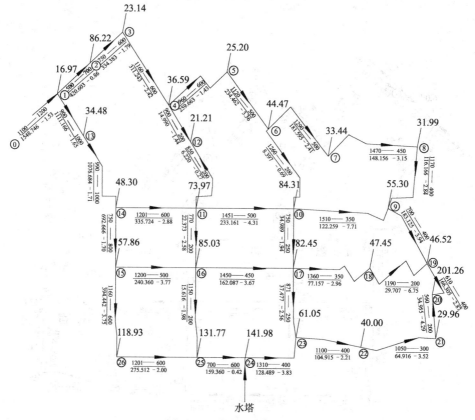

图 4-16 消防时平差结果图

4.4 输水管水力计算

从水源到城市水厂或工业企业自备水厂的输水管渠设计流量,应按最高日平均时供水量加自用水量确定。当远距离输水时,输水管的设计流量应计入管渠漏失水量。

向管网输水的管道设计流量,当管网内有调节构筑物时,应按最高日最高时用水条件下由水厂所负担供应的水量确定;当无调节构筑物时,应按最高日最高时供水量确定。

上述输水管渠,如供应消防用水时,还应包括消防补充流量或消防流量。

水泵供水时压力输水管的计算:

水泵供水的流量受扬程的影响。反之,输水量变化也影响输水管起点的水压。因此,水泵供水的实际流量应由水泵特性曲线 $H_p = f(Q)$ 和输水管特性曲线 $H_0 +$

$\sum h = f(Q)$ 求出。

图 4-17 表示水泵特性曲线和管路特性曲线的联合工况。Ⅰ 为输水管正常工作的 $Q - \sum h$ 特性曲线，Ⅱ 为事故时。输水管任一管段损坏时，阻力增大，曲线交点从 b 到 a，与 a 对应的横坐标即为事故流量 Q_a。水泵供水时，为保证管路损坏时的事故流量，输水管的分段输水计算方法如下：

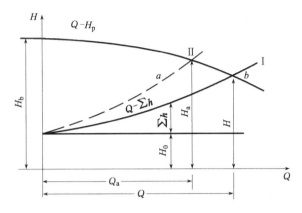

图 4-17 水泵和输水管特性曲线

输水管 $Q - \sum h$ 特性方程表示为：$H = H_0 + (s_p + s_d)Q^2$

设两条不同直径的输水管用连接管分成 n 段，则任一段损坏时的水泵扬程为：

$$H_a = H_0 + \left(s_p + s_d - \frac{s_d}{n} + \frac{s_1}{n}\right)Q_a^2$$

$$\frac{1}{\sqrt{s_d}} = \frac{1}{\sqrt{s_1}} + \frac{1}{\sqrt{s_2}} \qquad s_d = \frac{s_1 s_2}{(\sqrt{s_1} + \sqrt{s_2})}$$

其中　H_0——水泵静扬程，等于水塔水面和泵站吸水井水面的高差；
　　　s_p——泵站内部管线摩阻；
　　　s_d——两条输水管的当量摩阻；
　　　s_1, s_2——每条输水管的摩阻；
　　　n——输水管分段数，输水管之间只有一条连接管时，分段数为 2。
　　　Q——正常时流量；
　　　Q_a——事故时流量；

水泵 $Q - H_p$ 特性方程为：$H_p = H_b - sQ^2$

输水管任一段损坏时的水泵特性方程为：$H_a = H_b - sQ_a^2$

式中　s——水泵摩阻。

正常时水泵输出量

$$Q = \sqrt{\frac{H_b - H_0}{s + s_p + s_d}}$$

事故时的水泵输水量

$$Q_a = \sqrt{\frac{H_b - H_0}{s + s_p + s_d + (s_1 - s_d)\frac{1}{n}}}$$

事故时和正常时的流量比例为：

$$\frac{Q_a}{Q} = \alpha = \sqrt{\frac{s + s_p + s_d}{s + s_p + s_d + (s_1 - s_d)\frac{1}{n}}}$$

按事故用水量为设计用水量的 70%，即 $\alpha = 0.7$ 的要求，所需分段数等于：

$$n = \frac{(s_1 - s_d)\alpha^2}{(s + s_p + s_d)(1 - \alpha^2)} = \frac{0.96(s_1 - s_d)}{s + s_p + s_d}$$

4.5 给水系统优化调度与控制基础

4.5.1 给水系统的优化调度

目前我国绝大多数城市给水系统还处在一种经验型的管理状态。这种经验型的管理办法虽然能够大体上满足供水需要，但却缺乏科学性和预见性，难以适应日益发展变化的客观要求，所确定的调度方案只是若干方案中的一种，而不是"最优"方案。往往造成很多不合理的现象。先进的调度管理应充分利用计算机技术并建成管网图形与信息的计算机管理系统。给水管网现状工况分析，对提高给水系统的管理水平至关重要。近年来由于计算机技术和控制遥测技术的迅猛发展，世界各国都着力于开展管网现状工况分析（状态分析）的研究，使给水管网的管理水平进入了一个新的阶段。管网现状工况分析也是实现节能技术的基础。通过现状工况分析，可为优化运行提供参数、条件以及实现的目标，是实施优化调度与控制的基础。

城市给水系统的优化调度就是在保证安全、可靠、保质、保量地满足各项供水要求的前提下，根据监测系统反馈的系统实际运行状态资料，或根据科学的预测手段，运用数学上的最优化技术，从所有各种可能的调度方案中，确定一种使系统总运行费用最省的最佳调度方案，从而确定系统中各设备的运行工况，以获取最高的社会效益和经济效益。大城市的管网往往随着用水量的增长而逐步形成多水源的给水系统。这种系统通常在管网中设有水库和加压泵站。为此须有调度管理部门,及时了解整个给水系统的生产情况,随时进行调度,采取有效的强化措施。通过集中调度,各水厂泵站可不必只根据本厂水压大小来启闭水泵,而有可能按照管网控制点的水压确定各厂工作泵的台数。这样,既能保证管网所需的水压、水质,又可避免因管网水压过高而浪费能量、增大漏失。通过调度管理,可改善给水系统运行效果,降低供水的耗电量。从数学上讲,给水系统的优化调度就是以供水费用(包括制水费用和运行电费)最省为目标函数,以满足各项供水要求为约束条件的最优化问题。

4.5.2 给水系统的微观数学模型与宏观数学模型

在进行给水系统运行最优化计算时,必须快速、准确地模拟出系统的工作状况,求出表征系统工作状况的一些特征参数,因而必须建立管网的数学模型。常用的管网数学模型有两大类:管网的微观数学模型,即传统的管网模型。它是从实际管网简化而来的。应用这种模型进行平差计算时,要求已知各管段的结构参数(管长,管径,表征管壁粗糙程度的系数等)以及各节点标高、节点流量等,输入数据多,占用计算机内存多,计算时间长,而且有许多输入数据带有某种随机性和不确定性,因而使计算结果不可靠。加以计算工作量大,计算时间长,因而不适于优化调度的需要;管网的宏观数学模型就是在以往运行资料的基础上,利用统计分析的方法建立起来的一种经验性的数学表达式。它不必考虑管网中具体各节点、各管段的工作状态,而是从系统方法的角度出发,直接描述出涉及管网优化调度方案决策的管网主要参数之间的经验函数关系。根据这种经验性的数学表达式,只要确定了管网的用水量,即可迅速求出各水厂的供水量,供水压力,而不必进行烦琐的平差计算,因而计算速度快、输入数据少,占内存少,而且计算结果可靠。因此,宏观模型克服了微观模型的缺陷,效果上又完全起到了它应有的作用。所以说宏观模型的建立和发展对城市给水管网的优化调度具有重要而深远的意义。

由此可见,给水系统的优化调度是一门综合性的应用技术,它以系统工程理论和最优化技术为理论基础,应用管网宏观数学模型和用水量预报技术等各种手段,以计算机为工具,在各种"硬件"、"软件"的支持下,实现给水系统管理现代化和决策科学化,从而获得最高的社会效益和经济效益。

第5章 给水泵站工程设计

5.1 给水泵站的类型

5.1.1 给水泵站的分类

按在给水系统中的作用分：

1. 取水泵站

取水泵站亦称一级泵站或原水泵站，是从天然水体取水的水泵站。

地面水取水泵站的特点是多为合建式、埋深大、施工管理困难。地下水取水泵站(管井泵站)工艺简单，过去多用深井泵，现在多用深井潜水泵取代。

2. 送水泵站

送水泵站亦称二级泵站或清水泵站，通常建在水厂里，其特点是清水池变化水位小，埋深浅，一般在 3~4m。流量变化大，水泵台数多、型号多，面积大，管理复杂。

3. 加压泵站

加压泵站亦称中途泵站，一般个别地区水压要求高、输水管线长、地势高时设有加压泵站，如高层建筑给水、小区加压、远距离输水、山地给水等。

4. 循环泵站

工业企业内循环用水系统的泵站，特点是往往冷热两组水泵机组，水量、水质稳定，安全可靠性要求高，水泵备用率高。这种泵站多为自灌式工作。

5.1.2 泵站设计流量与扬程

水泵站的设计流量与用户的用水水量、用水性质、给水系统的工作方式有关，大多为二、三级工作。

某城市送水泵站的设计参数为：日最大设计水量 Q_d = 10.0 万 m^3/d，泵站分二级工作；泵站第一级工作从3时到23时，每小时水量占全天用水量的5.22%。泵站第二级工作从23时到3时，每小时水量占全天用水量的3.00%。

泵站一级工作时的设计工作流量：

$$Q_{\text{I}} = 100000.0\text{m}^3/\text{d} \times 5.22\% = 5220\text{m}^3/\text{h} = 1450.0\text{L/s}$$

泵站二级工作时的设计工作流量：

$$Q_{\text{II}} = 100000.0\text{m}^3/\text{d} \times 3.00\% = 3000\text{m}^3/\text{h} = 833.3\text{L/s}$$

水泵站的设计扬程与用户的位置和高度、管路布置及给水系统的工作方式等有关。泵站扬程计算为：

$$H = H_{ss} + H_{sd} + \sum h_s + \sum h_d + H_{安全}$$

式中 H——水泵的设计扬程，m；

H_{ss}——水泵吸水地形高度，与水泵安装高度和吸水井水位变化有关，m；

H_{sd}——水泵压水地形高度，与地形高差、用户要求的水压（自由水压）有关，m；

$\sum h_s$——水泵吸水管水头损失，与吸水管的长度、布置、管径、管材等有关，m；

$\sum h_d$——水泵压水管水头损失，与压水管的长度、布置、管径、管材等有关，m；

$H_{安全}$——为保证水泵长期良好稳定工作而取的安全水头，m；一般采用1~2m。

该城市最不利点建筑层数6层，自由水压 $H_0 = 28\text{m}$，输水管和给水管网总水头损失 $\sum h = 10.41\text{m}$，泵站地面至设计最不利点地面高差 $Z_C = 19.50\text{m}$，吸水井最低水位在地面以下 $Z_D = 4.00\text{m}$，取水泵站内水头损失 $\sum h_{泵站内} = 2.00\text{m}$，取安全水头 $H_{安全} = 1.5\text{m}$。

泵站一级工作时的设计扬程：

$$H_\text{I} = H_{ss} + H_{sd} + \sum h_s + \sum h_d + H_{安全} = Z_c + Z_d + H_0 + \sum h + \sum h_{泵站内} + H_{安全}$$
$$= 19.50 + 4.00 + 28.00 + 10.41 + 2.00 + 1.50 = 65.41\text{m}$$

5.2 水泵选择

选泵的原则要求：在满足最不利工况的条件下，考虑各种工况，尽可能节约投资、减少能耗。从技术上对流量 Q、扬程 H 进行合理计算，对水泵台数、型号和类型进行选定，满足用户对水量和水压的要求。从经济和管理上对水泵台数和工作方式进行确定，在保证安全供水的前提下，做到投资、维修费最低，正常工作能耗最低。

5.2.1 最不利工况

以下面一个例子介绍满足最不利工况的选泵方法和步骤：

某小区给水泵站的管路总长度 $L = 3000\text{m}$，管径为 $DN = 500\text{mm}$，管材为钢管，最大日最大时设计流量 $Q_{max} = 800\text{m}^3/\text{h}$，最小流量 $Q_{min} = 400\text{m}^3/\text{h}$，吸水井最低水位与

最不利点地形高差 $H_{ST}=1\text{m}$,自由水压 $H_0=12\text{m}$,泵站内部水头损失 $h_{泵站内}=2\text{m}$,安全水头取 $H_{安全}=1.5\text{m}$,最大流量 Q_{max} 时从泵站至最不利点的管路水头损失 $\sum h=3.3\text{m}$。试选择水泵?

选泵步骤如下:

(1)首先确定水泵站设计供水量,泵站最大供水量 $Q_{max}=800\text{m}^3/\text{h}=0.22\text{m}^3/\text{s}$;最小供水量 $Q_{min}=400\text{m}^3/\text{h}=0.11\text{m}^3/\text{s}$;

(2)计算水泵站设计扬程,$H=H_{ST}+H_0+\sum h+h_{泵站}+H_{安全}=1.0+12.0+3.3+2.0+1.5=19.8\text{m}$;

总水头损失为 $\sum h+h_{泵站}=3.3+2.0=5.5\text{m}$;所以管路阻抗 $S=\sum h_{总}/Q^2=5.5\text{m}/(0.22\text{m}^3/\text{s})^2=113.64\text{s}^2/\text{m}^5$,可得到管路特性曲线方程为:

$$H=13.0+113.64Q^2$$

(3)根据流量 $Q=800\text{m}^3/\text{h}$ 和扬程 $H=19.8\text{m}$,从水泵样本上查得 12Sh-19 型水泵的高效区的流量范围为 $Q=612\sim935\text{m}^3/\text{h}$,扬程范围 $H=23\sim14\text{m}$,适合水泵站的设计流量和设计扬程要求。

(4)绘制水泵工况点,确定所选水泵是否合乎需要。

从水泵样本上把 12Sh-19 型水泵特性曲线($Q\sim H$)描绘在方格坐标纸上,根据方程 $H=13.0+113.64Q^2$ 绘出管路特性曲线($Q\sim H$)$_G$,二者的交点 M 就是水泵工况点,如图 5-1,其对应的流量和扬程就是 12Sh-19 型水泵安装在所给管路条件下的工作流量和工作扬程。

从图上可查得工作流量 $Q=805\text{m}^3/\text{h}$,工作扬程 $H=20\text{m}$。满足水泵站的设计流量和设计扬程的要求,相应的水泵效率 $\eta=85\%$,水泵轴功率 $N=52\text{kW}$,选泵合适。

根据上述方法步骤选出的水泵,虽然满足最不利工况时工作要求,但是,当水泵不在最大流量工作时就会产生能量浪费问题。

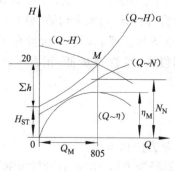

图 5-1　12Sh-19 型水泵工况点

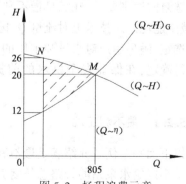

图 5-2　扬程浪费示意

如图 5-2,水泵不在最大工况点工作时就会出现阴影部分的扬程浪费,当水泵在最小流量 $Q=400\text{m}^3/\text{h}$ 工作时,水泵工况点为 N 点,此时的水泵扬程 $H=26\text{m}$,水泵效率 $\eta=65\%$;而管路只需消耗扬程 $H=12\text{m}$ 就可以把 $Q=400\text{m}^3/\text{h}$ 的水量输送到用户,水泵给出的扬程比管路需要的扬程多出 14m,这部分多出的扬程就称之为扬程浪费。

因而,当水泵在最小工况工作时,水泵装置的运行效率就为:$\eta_{运行}=65\%\times12/26=30\%$,远远小于水泵在最大工况点工作时的水泵装置的运行效率 $\eta_{运行}=85\%$ (此时运行效率=水泵效率)。

一般泵站运行费用(电费)占制水成本的 50% 以上。如一个供水量为 2.0 万 m^3/d 的泵站,平均扬程浪费 5m,则全年多消耗电 141944kWh,相当于电费 10 万元。

虽然这个浪费是不可避免的,但是尽量减少能量浪费是泵站设计的一个不可忽视的重要问题。

给水泵站按远期规划设计水量及扬程选泵,按近期规划设计水量及扬程校核,远期选的水泵近期也能在高效区工作。

5.2.2 减少能量的浪费

减少能量的浪费的途径有:

1. 减少扬程浪费的方法

(1)工作泵大小兼顾,调配灵活

选用几台不同型号的水泵供水,以适应用水量的变化,如图 5-3。选用四台不同水泵工作代替一台大泵工作,扬程浪费(阴影部分)大大降低。泵数量越多,浪费越少,理论上当水泵台数无限多时,可以使扬程浪费消除。但在实际工程中水泵台数不可能太多,那将使工程投资无限大。另外型号太多也不便于管理,所以一般不易超过两种类型的水泵。

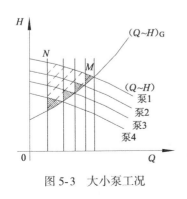

图 5-3 大小泵工况

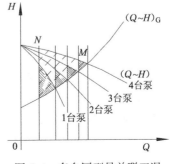

图 5-4 多台同型号并联工况

(2) 多台同型号水泵组合工作,互为备用

在实际工程多采用多台同型号泵并联工作以减少扬程浪费,如图 5-4,多台水泵或单独工作或多台并联工作以适应水量变化同样使得扬程浪费大大降低。而且水泵型号相同,可以互为备用,对零配件、易损件的贮备、管道的制作和安装、设备的维护和管理都带来很大的方便。

水泵台数增加,泵站投资费用也将增加,孰多孰少呢? 经验证明,在水泵并联台数不是特别多(5~7 台以内)时,运行效率的提高的能耗节省是足以抵偿多设置水泵的投资。

(3) 水泵换轮运行

水泵换轮运行,即水泵为同型号,水泵叶轮直径不相同,同样可以达到上述减少扬程浪费的目的,如图 5-5,但是,更换叶轮需要停泵,操作不方便,宜于长期调节时使用。

(4) 水泵调速运行

因为变频调速、可控硅串级调速、液力耦合器调速、油膜滑差调速等方法可以使得调速成为无级调速,水泵调速可以使得扬程浪费减少到最小,理论上可以减少到零,如图 5-6 中的阴影能减小到最小,大大提高水泵装置运行效率。目前水泵调速方法采用较多的为:当电机功率小于 220kW 时采用变频调速,当电机功率大于 220kW 时采用串极调速等,在小区供水、高层建筑供水中多应用变频调速。节能效果好,使用方便,安全可靠,增加投资较多。

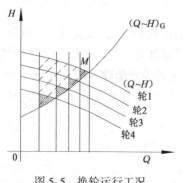

图 5-5 换轮运行工况

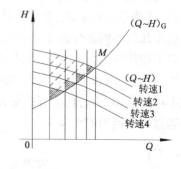

图 5-6 水泵调速运行工况

多台水泵并联工作时,可以用调速泵和工频泵配合工作,达到节能和节省投资的最佳效果。

2. 提高运行效率的途径

(1) 尽量选用大泵,在保证一定调节能力的条件下选用大泵,大泵的效率往往都大于小泵的效率。

(2) 若有多种工况,要尽可能使得各种工况都在高效区工作,并联工作的水泵

要单独工作及并联工作时均能在高效区工作,如果不能保证所有的工况都在高效区,就应保证频率出现高的工况一定在高效区工作,如平均日平均时,频率出现较低的工况可以短时间不在高效区工作,如最高时、最小时等。

（3）尽可能减少管路水头损失,管路设计时,在保证水泵装置良好工作的条件下,尽量缩短管路长度,取直不取弯,减少管路配件,阀门、管件的数目要最少。

5.2.3 水泵选择

根据设计流量和设计扬程初步选择水泵,可用管路特性曲线和型谱图进行选泵。管路特性曲线和水泵特性曲线交点为水泵工况点。水泵的设计工况点要保证在高效率点工作,最低也应在高效区工作。水泵的设计工况点一定在管路特性曲线上,但是不一定在水泵厂家给定的水泵特性曲线上或其并联（串联）的特性曲线上。此时应通过水泵叶轮切削减少叶轮直径或减少水泵转速改变水泵特性曲线,以适应工况点的需要。

离心水泵切削叶轮的三个基本公式:$Q_1/Q_2 = D_1/D_2$,$H_1/H_2 = D_1^2/D_2^2$,$N_1/N_2 = D_1^3/D_2^3$,水泵切削叶轮要在切削极限内进行,切削极限应根据水泵的比转数 ns 而定。离心水泵调速的三个基本公式:$Q_1/Q_2 = n_1/n_2$,$H_1/H_2 = n_1^2/n_2^2$,$N_1/N_2 = n_1^3/n_2^3$,一台调速装置可带多台离心泵调速。

离心水泵在切削叶轮后或改变水泵转速后均可绘制水泵的新特性曲线,新的水泵特性曲线和原来的水泵特性曲线对应点是等效率曲线点,点点相对应,据此可划出新的水泵特性曲线。

1. 求管路特性曲线

求管路特性曲线就是求管路特性曲线方程中的参数 H_{ST} 和 S:

$$H_{ST} = 4.00m + 19.50m + 28.0m + 0.50m = 52.00m;$$

$$S = (\sum h + \sum h_{泵站内})/Q^2 = (19.50 + 2.00)/5220^2 = 7 \times 10^{-7} h^2/m^5;$$

$$\therefore H = 52.00 + 7 \times 10^{-7} Q^2;$$

根据上述公式列表 5-1,并根据表 5-1 在($Q \sim H$)坐标系中作管路特性曲线($Q \sim H^{GL}$)见图 5-7,参照管路特性曲线和水泵型谱图（或者根据水泵样本）选定水泵。

管路特性曲线($Q \sim H$)关系表　　　表 5-1

Q	0.0	1000.0	2000.0	3000.0	4000.0	5000.0	5800.0
$\sum h$	0.00	0.70	2.80	6.30	11.20	17.50	23.55
H	52.00	52.70	54.80	58.30	63.20	69.50	75.55

2. 选择水泵

经反复比较推敲选定两个方案:

方案一:4 台 S250-470(Ⅰ)型工作水泵,其工况点如图 5-7 所示;

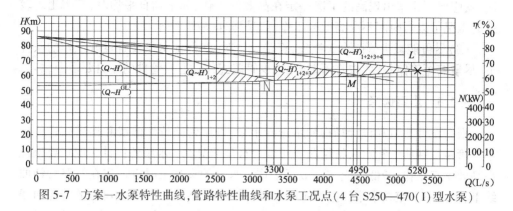

图 5-7　方案一水泵特性曲线,管路特性曲线和水泵工况点(4 台 S250—470(Ⅰ)型水泵)

方案二:2 台 S300-550A+1 台 S300-550 型工作水泵,其工况点如图 5-8 所示。

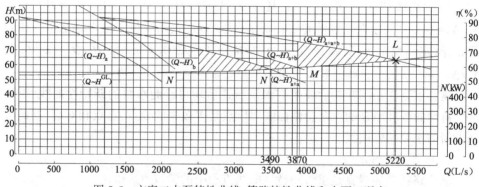

图 5-8　方案二水泵特性曲线、管路特性曲线和水泵工况点

(2 台 S300-550A 型泵和 1 台 S300-550 型泵,下标 a 代表 S300-550A 型泵,下标 b 代表 S300-550 型泵)

选泵时,首先要确定水泵类型如 S 型、Sh 型、IS 型、JQ 型、ZL 型等,再从确定的类型水泵中选定水泵型号如 S250-470(Ⅰ)型水泵。

对上述两个方案进行比较,主要在水泵台数、效率及其扬程浪费几个方面进行比较,比较结果见表 5-2 方案比较表(表中最小工作流量以 2500m³/h 计):

从表 5-2 中可以看出在扬程利用和水泵效率方面方案一均好于方案二,只是水泵台数比方案二多一台,增加了基建投资,但是,设计计算证明由于方案一能耗小于方案二,运行费用的节省在几年内就可以抵消增加的基建投资。

所以,选定工作泵为 4 台 S250-470(Ⅰ)型水泵。其性能参数如下:

$Q = 420 \sim 1068 \text{m}^3/\text{h}$; $H = 82.8 \sim 50.0\text{m}$; $\eta = 87\%$; $n = 1480\text{r/min}$

电机功率 $N = 280\text{kW}$; $H_{Sv}(\text{NPSH})_R = 3.5\text{m}$; 重量 $W = 830\text{kg}$。

方案比较表　　　　　　　　　　　　表 5-2

方案编号	水量变化范围 (m³/h)	运行水泵型号及台数	水泵扬程 (m)	管路所需扬程(m)	扬程浪费 (m)	水泵效率 (%)
方案一： 4 台 S250-470(I)	5280~4950	4 台 S250-470(I)	69.0~65.0	61.0~65.0	8.0~0	84.0~83.5
	4950~3300	3 台 S250-470(I)	70.5~61.0	57.5~61.0	3.0~0	83.5~84.0
	3300~2500	2 台 S250-470(I)	65.5~57.5	56.0~57.5	9.5~0	84.0~83.5
方案二： 2 台 S300-550A 1 台 S300-550	5220~3870	2 台 S300-550A 1 台 S300-550	77.0~64.0	59.5~64.0	17.5~0	83.0~74.0 80.0~82.0
	3870~3490	1 台 S300-550A 1 台 S300-550	64.5~59.5	57.5~59.5	7.0~0	73.5~83.0 81.5~80.0
	3490~2500	2 台 S300-550A	71.5~57.5	56.0~57.5	15.5~0	83.0~81.0

4 台 S250-470(I)型水泵并联工作时，其工况点在 L 点，L 点对应的流量和扬程为 5280.0m³/h 和 65.0m，基本满足泵站一级设计工作流量要求。

3 台 S250-470(I)型水泵并联工作时，其工况点在 M 点，M 点对应的流量和扬程为 4950.0m³/h 和 61.0m。

2 台 S250-470(I)型水泵并联工作时，其工况点在 N 点，N 点对应的流量和扬程为 3300.0m³/h 和 57.5m，基本(稍大一些)满足泵站二级设计工作流量要求。

再选一台同型号的 S250-470(I)型水泵备用，泵站共设有 5 台 S250-470(I)型水泵，4 用 1 备。

3. 确定电机

根据水泵样本提供的配套可选电机，选定 Y355-4(6kV)电机，其参数如下：

额定电压 $V=6000V$；　　　　　$N=280kW$；

$n=1480r/min$；　　　　　$W=2160kg$。

5.3　水泵机组的布置

5.3.1　水泵机组布置的基本要求

水泵机组布置排列和管路系统的设计布置是水泵站设计的主要内容，它决定泵房建筑面积的大小。机组间距以不妨碍设备操作和维护、人员巡视安全为原则。

所以机组布置应保证设备工作可靠，运行安全，装卸维修和管理方便，管道总长度最短，接头配件最少，水头损失最小，并应留有扩建的余地。

机组的布置主要根据泵站建筑的平面形式而有不同的布置形式：

1. 矩形泵站

(1)单排并列式(水泵轴线平行建筑跨度轴线)

单排并列式水泵机组布置的特点是布置紧凑,跨度小,适用于单吸式泵,电机散热条件差,起重设备较难选择,水力条件不好,较少采用。

(2) 单行顺列式(水泵轴线呈一直线)

单行顺列式水泵机组布置的特点是布置紧凑,跨度小,适用于双吸式泵,管路简单,直进直出,水力条件好,便于选择起重设备,但泵房长度较大,设计上采用较多。

(3) 双排交错并列式

双排交错并列式水泵布置的特点是适用于水泵台数多时,适用于单吸式泵,可减少泵房的长度,跨度加大,管路布置较乱,机组间距较大,采用较少。

(4) 双行交错顺列式

双行交错顺列式水泵布置的特点是布置紧凑,面积小,适用于双吸泵机组较多时,可减少泵房的长度,但跨度加大,设计采用较多。

为减少泵房面积,水泵两行机组往往反向排列,所以,在水泵定货时,应特别说明有一组水泵反向旋转。

(5) 斜向排列

有时泵房形状不规则,水泵布置顺应房间形状,其特点是弯头多,交通不便,平面布置不好处理。一般不用。

在泵站布置设计时,应视具体情况,采用一种或几种组合形式布置。

2. 圆形泵站

一般用于地下泵站,地下泵站埋深较大,需水下施工,施工方法往往采用沉井施工,所以面积一般不宜太大,一般只布置 3~4 台水泵。

5.3.2 水泵机组布置形式

根据以上已经选定的水泵为 5 台单级双吸中开式卧式离心泵,适于采用单行顺列式布置,布置如图 5-12。

1. 基础的作用及要求

水泵基础的作用是支承并固定机组,以便于机组运行平稳,不产生振动。因而要求基础坚实牢固,不发生下沉和不均匀沉降现象,卧式泵多采用混凝土块式基础,立式泵多采用圆柱式混凝土基础或与泵房基础、楼板合建。

2. 卧式泵块式基础的尺寸

(1) 带底座的小型水泵

基础长度 $L=$水泵底座长度 $L_1+(0.15\sim0.20)\mathrm{m}$;

基础宽度 $B=$水泵底座螺孔间距 $B_1+(0.15\sim0.20)\mathrm{m}$;

基础高度 $H=$水泵底脚螺栓长度 $l+(0.15\sim0.20)\mathrm{m}$。

(2) 不带底座的大、中型水泵

基础长度 L=水泵机组底脚螺孔长度方向间距 L_1+(0.40~0.50)m；
基础宽度 B=水泵底脚螺孔宽度方向间距 B_1+(0.40~0.50)m；
基础高度 H=水泵底脚螺栓长度 l+(0.15~0.20)m。

3. 高度校核

为保证水泵稳定工作，基础必须有相当的重量，一般基础重量应大于(2.5~4.0)倍水泵机组总重量，所以基础高度：

$$H = (2.5 \sim 4.0) W/(BL\gamma)$$

式中 $\gamma = 2400 \text{kg/m}^3$。

基础最小高度不小于500~700mm，以保证基础的稳定性。

4. 基础的其他要求：

(1) 地面式泵站的室内地面要高于室外300mm。

(2) 基础顶面要高出室内地面100~200mm。

(3) 基础的地面以下部分应比附近管沟深度大，并高于地下水位，否则浇成整体，以使水泵工作平稳，不发生共振。

5. 水泵机组布置的一些规定：

(1) 要有一定宽度的人员通道，电动机功率不大于55kW时，净距应不小于0.8m，电动机功率大于55kW时，净距应不小于1.2m，设备的突出部分之间或突出部分与墙壁之间不小于0.7m，进出设备的大门口宽为最大设备宽度加1.0m。

(2) 非中开式水泵，要有能抽出水泵泵轴的位置，其长度轴长加0.25m，对于电机转子要有电机转子加0.5m的位置。

(3) 大型泵应有检修的空地，其大小应使得被检修设备周围有0.7~1.0m空地，以便工人活动工作。

(4) 辅助泵(如真空泵、排水泵等)通常应安装在泵房适当的地方，以不增加泵房面积为原则，可以靠墙、墙角布置，也可以架空布置。

5.3.3 水泵机组基础设计

S250-470(Ⅰ)型水泵不带底座，所以选定其基础为混凝土块式基础。

1. 基础长度

$$\begin{aligned}L &= 地脚螺钉间距+(400\sim500)\\&=L_0+L_1+L_2+(400\sim500)\end{aligned}$$

式中 L——基础长度，mm；

$L_0 、 L_1 、 L_2$——地脚螺钉间距，mm。

$$L = 790+790+790+430 = 2800\text{mm}$$

2. 基础宽度

$$B = 地脚螺钉间距+(400\sim500)$$

$$= B_0 + (400 \sim 500)$$

式中 B——基础宽度,mm;

B_0——地脚螺钉间距,mm。

$$B = 700 + 500 = 1200\text{mm}$$

3. 基础高度

$$H = [(2.5 \sim 4.0) \times (W_{水泵} + W_{电机})]/(L \times B \times \gamma)$$

式中 $W_{水泵}$——水泵重量,kg;

$W_{电机}$——电机重量,kg;

L——基础长度,mm;

B——基础宽度,mm;

γ——基础容重,混凝土容重 $\gamma = 2400\text{kg/m}^3$。

$$H = [3.0 \times (830\text{kg} + 2160\text{kg})]/(1.200\text{m} \times 2.800\text{m} \times 2400\text{kg/m}^3)$$
$$= 1.10\text{m}$$

设计取 1.20m;

那么,混凝土块式基础的尺寸为 $L \times B \times H = 2.8 \times 1.2 \times 1.2\text{m}^3$。

5.4 给水泵站的设计计算

5.4.1 吸水管路和压水管路设计计算

1. 吸水管路设计要求

(1)不允许有泄漏,尤其是离心泵吸水管不允许漏气,漏气将影响水泵进水,严重时,水泵不能工作,所以水泵吸水管为金属管材,多为钢管,密封性好,便于检修补漏。

(2)不积气,应避免形成气囊。吸水管的真空值达到一定值时,水中溶解的气体就会因为压力减少而逸出,积存在管路的局部最高点处,形成气囊,影响吸水管过水能力,严重时就会真空破坏,吸水管停止吸水。

为避免形成气囊,吸水管路设计时应注意:吸水管应有沿水流方向连续向上的坡度,一般 $i \geq 0.005$;吸水管径大于进口直径需用渐缩管连接时,要用偏心渐缩管,渐缩管上部管壁与吸水管(直段)坡度相同;吸水管进口淹没深度要足够,以避免吸气。

(3)尽可能减少吸水管长度,少用管件,以减少吸水管水头损失,减少埋深。

(4)每台水泵应有自己独立的吸水管。

(5)吸水井水位高于泵轴时,应设手动、常开检修闸阀。

(6)吸水管设计流速一般采用数据如下:

$DN<250\text{mm}, V=1.0\sim1.2\text{m/s}$；

$DN\geq250\text{mm}, V=1.2\sim1.6\text{m/s}$。

自灌式工作的水泵的吸水管水流速度可适宜放大。

(7)吸水管进口用底阀时,应设喇叭口,以使吸水管进口水流流动平稳,减少损失。

喇叭口的尺寸为:$D=(1.3\sim1.5)d, H=(3.5\sim7.0)(D-d)$；$D$ 为喇叭口大头直径, d 为吸水管直径。

当水中有大量悬浮杂质时,可在喇叭口前段加装滤网,以减少杂质的进入。

(8)水泵灌水启动时,应设有底阀。

水下式底阀:胶垫易坏,拆换维护不方便。

水上式底阀:维护方便,效果好,使用日多,但启动时间较长。

(9)吸水管进口(喇叭口)设计安装要求(吸水井设计)

垂直安装的喇叭口:

1)淹没深度 $h\geq0.5\sim1.0\text{m}$,否则应设水平隔板,水平隔板边长为 $2D$ 或 $3d$。

2)喇叭口与井底间距要大于 $0.8D$,行进流速小于吸水管进口流速。

3)喇叭口距吸水井井壁距离要大于 $(0.75\sim1.00)D$。

4)喇叭口之间距离要大于 $(1.5\sim2.0)D$。

水平安装的喇叭口,如图 5-9 所示:

①淹没深度 $h\geq0.5\sim1.5\text{m}$。

②喇叭口与井底间距要大于 $0.33D$,行进流速小于吸水管进口流速。

③喇叭口之间距离要大于 $(1.5\sim2.0)D$。

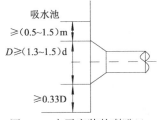

图 5-9 水平安装的喇叭口

2. 压水管路设计要求

(1)水泵压水管路要承受高压,所以要求坚固不漏水,有承受高压的能力。通常采用金属管材,多为钢管,采用焊接接口,在必要的地方设法兰接口,以便于拆装和检修。

(2)为安装方便和减小管路上的温度应力和水锤应力,在必要的地方设柔性接口或伸缩接头。

(3)为承受管路中内应力所产生的内部推力破坏管路,要在转弯、三通等受内部推力处设支墩或拉杆。

(4)闸阀直径大于等于 400mm 时,应用电动或水力闸阀,因为高压启闭困难。

(5)压水管的设计流速一般应: $DN<250\text{mm}, V=1.5\sim2.0\text{m/s}$；

$DN\geq250\text{mm}, V=2.0\sim2.5\text{m/s}$。

(6)不允许水倒流时,要设置止回阀,如下情况要设置止回阀:

1)大泵站,输水管长；

2) 井群给水系统;

3) 多泵站给水系统;

4) 管网可能产生负压的情况。

3. 吸水管路和压水管路设计计算

由本章 5.2.3 方案一(图 5-7 所示)知 1 台水泵的最大工作流量为 1650m³/h = 458.3L/s,为水泵吸水管和压水管所通过的最大流量,初步选定吸水管管径 $DN=600$mm,压水管管径 $DN=500$mm。

当吸水管 $DN=600$mm 时,流速 $V=1.62$m/s,(一般在 $1.2\sim1.6$m/s 范围内)

压水管 $DN=500$mm 时,流速 $V=2.34$m/s,(一般在 $2.0\sim2.5$m/s 范围内)

说明上述管径选择合适。

4. 吸水井设计计算

吸水井尺寸应满足安装水泵吸水管进口喇叭口的要求。

吸水井最低水位 = 泵站所在位置地面标高 − 清水池有效水深 − 清水池至吸水井管路水头损失 = 133.50 − 3.80 − 0.20 = 129.50m

吸水井最高水位 = 清水池最高水位 = 泵站所在位置地面标高 = 133.50m

水泵吸水管进口喇叭口大头直径 $D \geqslant (1.3\sim1.5)d$
$$= 1.33 \times 600 = 800\text{mm}$$

水泵吸水管进口喇叭口长度 $L \geqslant (3.0\sim7.0) \times (D\sim d)$
$$= 4.0 \times (800-600) = 800\text{mm}$$

喇叭口距吸水井井壁距离 $\geqslant (0.75\sim1.0)D = 1.0 \times 800 = 800$mm

喇叭口之间距离 $\geqslant (1.5\sim2.0)D = 2.0 \times 800 = 1600$mm

喇叭口距吸水井井底距离 $\geqslant 0.8D = 1.0 \times 800 = 800$mm

喇叭口淹没水深 $h \geqslant 0.5\sim1.0\text{m} = 1.2\text{m}$

所以,吸水井长度 = 12000mm(注:最后还要参考水泵机组之间距离确定),吸水井宽度 = 2400mm,吸水井高度 = 6300mm(包括超高 300),如图 5-12 所示。

5. 管路布置及标高设计计算

(1) 管路布置

输水干管设两条,设检修闸阀;每一台水泵均设单独吸水管,吸水管上设检修闸阀;每一台水泵出口压水管上均设控制闸阀和缓闭止回阀;压水管设联络管,上设检修闸阀,如图 5-12 所示。

(2) 工艺标高设计计算

泵轴安装高度计算公式:

$$H_{SS} = H_S - V^2/2g - \sum h_s$$

式中 H_{SS}——泵轴安装高度,m;

H_s——水泵吸上高度,m;

g——重力加速度,m/s^2;

$\sum h_s$——水泵吸水管路水头损失,m。

水泵吸水管路阻力系数:$\xi_1=0.10$(喇叭口局部阻力系数),$\xi_2=0.60$(90弯头局部阻力系数),$\xi_3=0.01$(阀门局部阻力系数),$\xi_4=0.18$(偏心减缩管局部阻力系数)。

经过计算并考虑安全量取 $\sum h_s = 1.00m$

$$H_{ss} = 3.30m - 1.62^2/2 \times 9.81m - 1.00m = 2.17m$$

泵轴标高 = 吸水井最低水位 + H_{ss} = 129.50 + 2.17 = 131.67m

基础顶面标高 = 泵轴标高 - 泵轴至基础顶面高度 H_1 = 131.67m - 0.80m = 130.87m

泵房标高 = 基础顶面标高 - 0.20 = 130.87m - 0.20m = 130.67m

5.4.2 水泵的校核与复核

1. 水泵校核

一般给水泵站校核有消防校核、转输校核和事故校核等情况。而小区加压泵站和高层建筑给水泵站是单设消防泵房,不存在消防校核问题,因而消防校核、转输校核和事故校核为管网系统问题,有关消防校核、转输校核和事故校核的内容请参见第四章。

2. 水泵复核

根据已经确定的机组布置和管路情况重新计算泵房内的管路水头损失,复核所需扬程,然后校核水泵机组。

泵房内管路水头损失 $\sum h_{泵站内} = \sum h_s + \sum h_d = 1.00m + 0.44m = 1.44m$

所以,水泵扬程 $H_1 = Z_c + Z_d + H_0 + \sum h + \sum h_{泵站内} = 19.50m + 4.00m + 28.0m + 10.41m + 1.44m = 63.35m$

与估计扬程基本相同,选定的水泵合适。

5.4.3 泵站的辅助设施计算

1. 引水设备

(1) 真空泵最大排气量

启动引水设备选用水环式真空泵,真空泵的最大排气量为:

$$Q_V = K \times \{(W_P + W_S) \times H_a\} / \{T \times (H_a - H_{SS})\}$$

式中 Q_V——真空泵的最大排气量,m^3/h;

K——漏气系数,1.05~1.10;
W_P——最大一台水泵泵壳内空气容积,m³;
W_S——吸水管中空气容积,m³;
H_a——一个大气压的水柱高度,一般采用10.33m;
T——水泵引水时间,h,一般采用5min,消防水泵取3min;
H_{SS}——离心泵的安装高度,m。

$$Q_V = 1.10 \times \{(0.25+8.33) \times 10.33\}/\{300 \times (10.33-2.40)\}$$
$$= 0.04 \text{m}^3/\text{s}$$

(2) 真空泵的最大真空度

$$H_{VMAX} = H_{SS} \times 760/10.33 \text{mmHg}$$

式中 H_{VMAX}——真空泵的最大真空,mmHg;
H_{SS}——离心泵安装高度,m,最好取吸水井最低水位至水泵顶部的高差。

$$H_{VMAX} = 3.00 \times 760/10.33 \text{mmHg} = 221 \text{mmHg}$$

选取SZB-8型水环式真空泵2台,一用一备,布置在泵房靠墙边处。

2. 计量设备

在压水管上设超声波流量计,选取SP-1型超声波流量计2台,安装在泵房外输水干管上,距离泵房7m。

在压水管上设压力表,型号为Y-60Z,测量范围为0.0~1.0MPa。在吸水管上设真空表,型号为Z-60Z,测量范围为-760~0mmHg。

3. 起重设备

选取单梁悬挂式起重机SD×Q,起重量2t,跨度5.5~8.0m,起升高度3.0~10.0m。

4. 排水设备

设污水泵2台,一用一备,设集水坑一个,容积取为$2.0 \times 1.0 \times 1.5 = 3.0 \text{m}^3$。

选取50WQ10-10-0.75型潜水排污泵,其参数为:

$Q=10\text{l/s}; H=10\text{m}; n=1440\text{r/min}; N=4.0\text{kW}$。

5.5 给水泵站平面设计

5.5.1 泵房平面布置

机组的平面布置确定以后,泵房(机器间)的最小长度L也就确定了,如图5-12所示:a为机组基础的长度;b为机组基础的间距;c为机组基础与墙的距离。查有关材料手册,找出相应管道、配件的型号规格、大小尺寸,按一定的比例将水泵机组的基础和吸水、压水管道上的管配件、闸阀、止回阀等画在同一张图上,逐一标出尺寸,依次相加,就可以得出机器间的最小宽度 B,如图 5-10 和图 5-11 所示。

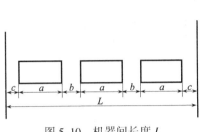

图 5-10　机器间长度 L

a—机组基础的长度;b—机组基础的间距;
c—机组基础与墙的距离

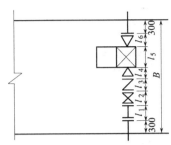

图 5-11　机器间宽度 B

l_1、l_2、l_3、l_4、l_6—分别为短管甲、闸法、止回阀、水泵出口短管、进口短管的长度;
l_5—机组基础的宽度

泵站的总平面布置的原则是:运行管理安全可靠,检修及运输方便,经济合理,并且考虑到有发展余地。

变电配电设备一般设在泵站的一端,有时也可将低压配电设备置于泵房内侧。泵房内装有立式泵或轴流泵时,配电设备一般装设在上层或中层平台上。控制设备一般设于机组附近,也可以集中装置在附近的配电室内。

配电室内设有各种受配电柜,因此应便于电源进线,且应紧靠机组,以节省电线,便于操作。配电室与机器间应能通视,否则,应分别安装仪表及按钮(切断装置),以便当发生故障时,在两个房间内,均能及时切断主电路。

由于变压器发生故障时,易引起火灾或爆炸,故宜将变压器室设置于单独的房间内,且位于泵站之一端。

值班室与机器间及配电室相通,而且一定要靠近机器间,且能很好通视。

修理间的布置应便于重物(如设备)的内部吊运及向外运输。因此,往往在修理间的外墙上开有能进车的大门。

进行总平面布置时,尽量不要因为设置配电间而把泵房跨度增大。

5.5.2　泵站总体布置

根据上述原则,考虑到维护检修方便,巡视交通顺畅,将泵站总图布置尽可能经济合理、美观适用,最终送水泵站工艺布置如图 5-12 所示。

根据起重机的要求计算确定泵房净高度 12m,泵站长度为 41m,泵站宽度为 12m。

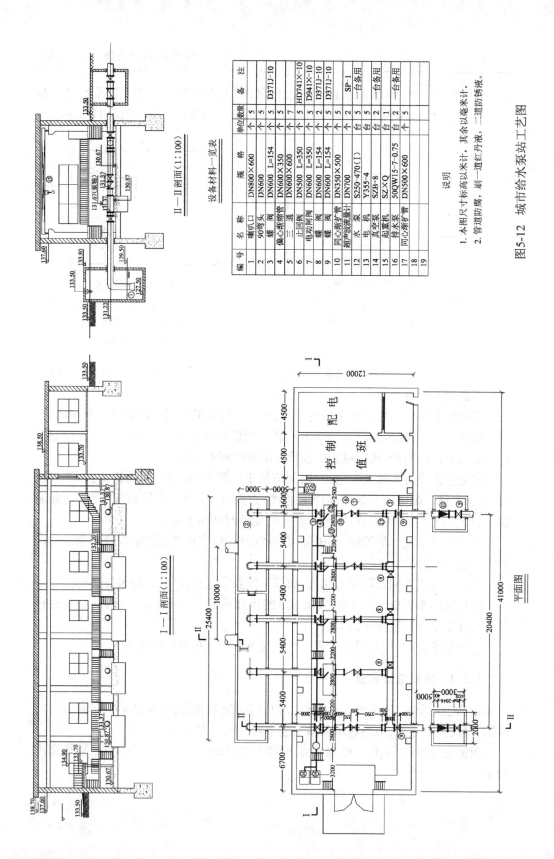

图5-12 城市给水泵站工艺图

第6章 排水管网工程设计

6.1 设计任务书

排水管网工程设计应在给定的基础资料前提下完成,设计基础资料可以由城市专业职能部门或主管建设单位提供,也可以由指导教师提供。基础资料包括设计任务、基本要求、城市总体规划情况、水文地质及气象资料、排水系统和受纳水体现状、供水供电及地震等级、概算资料等。设计基础资料由学生妥善保管,并进行实际调查了解,查找补充相关的基础资料,以保证基础资料的完整性和准确性。

6.1.1 设计任务

1. 设计题目

东北地区 C 城镇的排水管网工程设计

2. 排水管网工程定线

完成整个城市的污水管网定线,雨水管网定线、或者整个城市的合流制管网定线,定线方案至少应有两种完全不同的方案,并对这两种不同的方案进行技术比较和经济比较,从中选择一种较优的方案。

3. 污水管网工程设计

完成污水管网的排水区域划分和管段编号,选择控制整个排水管网埋深的控制点,确定控制点的埋深,进行污水管网的主干管、干管及支管的详细水力计算和高程计算,进行必要的附属构筑物的计算。

4. 雨水管网工程设计

完成雨水管网的汇水区域划分和管段编号,确定排水区域的径流系数,设计重现期,地面集流时间和起始管道的埋深,进行雨水管网的主干管、干管及支管的详细水力计算和高程计算,进行必要的附属构筑物计算。

5. 合流制管网工程设计

根据城市排水系统现状以及投资规模,城市排水系统也可以设计成合流制管网系统,首先完成合流制管网的排水区域划分和管段编号,确定截流倍数和溢流数量。进行合流制管网的主干管、干管及支管的水力计算和高程计算,进行必要的附属构筑物计算。

6. 排水泵站工艺设计

选择一处区域排水泵站或总排水泵站进行工艺设计,确定水泵的类型,扬程和流量,计算水泵管道系统和集水井容积、进行泵站的平面尺寸计算和附属设施的计算。

7. 投资估算

根据当地市场主要建材价格、劳动力工资标准和其他管理费用规定进行排水管网系统的投资估算,确定土建及市政工程估算定额标准,计算单位面积的管道长度和城市排水系统的估算,进行方案比较。

8. 专题设计

有条件的学生可以在指导教师的指导下选择一个专题进行深入研究或深入设计,培养学生的自学能力。

9. 基本要求

(1)通过阅读中外文文献,调查研究与收集有关的设计资料,确定合理的排水管网工程定线,进行管道的水力计算,经过技术分析和经济分析,选择合理的设计方案。

(2)设计说明书应包括排水管网工程设计的主要原始资料、定线原则、方案对比和管道水力计算,泵站水力计算,附有必要的计算简图和附属设施的计算简图,并进行投资估算、经济评估。设计说明书要求内容完整,计算正确,文字通顺,书写工整。说明书一般应在5万字左右,应有300字左右的中英文的说明书摘要。

(3)毕业设计图纸能较准确地表达设计意图,图面应当布局合理清晰,符合制图标准,图纸不少于10张(按一号图纸计),至少有4张图纸采用计算机绘制,至少5张图纸应基本达到施工图深度。

(4)设计中应采用计算机进行排水管网系统的水力计算。

6.1.2 城市总体规划

1. 城市总体规划平面图一张,比例尺为1:10000,标有间距1~2m的等高线,城区的划分和大型工厂位置在图中。见图6-1城市总体规划平面图。

2. 城市居住人口总数为48.0万人,以铁路线分界,划分为Ⅰ区和Ⅱ区,各区的居住人口、污水量标准见表6-1。

各区人口、污水量标准　　　　表6-1

分　区	人　口　数　(万人)	污水量标准[L/(人·d)]
Ⅰ区	26.7	105
Ⅱ区	21.3	130

3. 市区内大型的工厂有制糖公司,纺织厂和玉米加工厂,各工厂的排水量见表6-2。

各工厂的排水量　　　　　　　表6-2

工 厂 名 称	日排水量(m³/d)	最大时排水量(m³/h)
制糖公司	3100	180
纺织厂	1800	105
玉米加工厂	1310	73

6.1.3 水文地质及气象资料

1. 水文地质

经过地质勘测部门勘测,该城市的水文地质情况见表6-3。

水文地质情况　　　　　　　表6-3

名　称	土 壤 性 质	冰冻深度(m)	地下水位(m)	承载力(kPa)
城　区	腐殖性耕土厚0.5~0.7m 粉质黏土厚5.5~5.8m 细砂厚2.5~2.7m	1.80	-6.4~-6.5	110
出水口处	腐殖性耕土厚0.5~0.7m 粉质黏土厚5.6~5.9m 粗砂厚2.9~3.1m	1.85	-5.3~-5.5	98

2. 气象资料

该城市的气象资料见表6-4。

气象资料　　　　　　　表6-4

名　称	指　标	名　称	指　标
月平均气温	9°C	最冷月平均气温	-12°C
年最低气温	-22°C	冰冻期	36天
年最高气温	36°C	冰冻时间	12月末~2月初
年降雨量	720mm/年	年蒸发量	210mm/年
常年主导风向	西北风	年平均风速	2.9m/s

该地区暴雨强度公式：
$$q = \frac{1984(1+0.751gp)}{(t+7.2)^{0.78}}$$

6.1.4 城区地面覆盖情况和受纳水体现状

1. 城区地面覆盖情况

城市各区域屋面、地面和绿地的比例见表6-5。

地面和绿地的比例   表 6-5

名 称	各种屋面(%)	沥青路面(%)	碎石路面(%)	非铺砌土路面(%)	绿地(%)
Ⅰ区	19	24	13	12	32
Ⅱ区	22	24	10	10	34

2. 受纳水体

城市南部有一河流自西向东流经该市,为该城市的受纳水体。该河流的现状见表6-6。

受纳水体现状   表 6-6

名 称	流量(m³/s)	流速(m/s)	水位(m)	水温(℃)
最小月平均流量	9.5	1.1	95.1	20
最高水位	12.1	1.3	96.8	22
最低水位	8.2	0.8	93.9	18
常水位	9.6	1.1	95.0	20
95%保证率枯水位	8.5	0.8	94.2	18

6.1.5 其他资料

1. 施工时的电力和给水可以保证供应,各种建筑材料该市均可供应。
2. 当地地震烈度小于6级。
3. 投资估算采用城市基础设施工程投资指标计算,材料价格,设备价格和安装费用采用北京市的费用定额规定。

6.2 设计方案的选择

6.2.1 设计依据

1. 城市概况

本工程为东北某地区C市的城市排水系统工程设计。C市为中小型城市(见图6-1),规划总人口48万人,该市城区分为Ⅰ区和Ⅱ区两部分,两区以铁路为界,Ⅰ区人口26.7万,Ⅱ区人口21.3万。该市经济发展较好,拥有制糖公司、纺织厂、玉米加工厂等三家大型骨干企业。该市风景如画,环境优美,城市绿化率高达30%以上,城市南部有一条河流由西向东绕城而过,并有铁路、公路与各地相通,交通十分便利,具有良好的发展前景。

C市地势北高南低,坡向水体,地形标高在100~105m之间,主要为河谷平原和高平原。该地区地质条件较好,土壤分布为腐殖性耕土层厚0.5~0.7m,粉质黏土层厚5.5~5.8m,砂层厚2.5~2.7m,土壤承载力较高,达到110kPa,地震烈度小于6级。该地区靠近河流,主要靠径流补给地下水,地下水位较高,地下水位标高一般为-6.4~-6.5m。

C市位于东北地区南部,属北温带大陆性气候,冬季漫长严寒干燥,夏季短暂高温,春季多风,秋季多雨。年平均气温9.0℃,最冷月平均气温为-12℃,年最低气温-22℃,最大冰冻深度为1.80m,冰冻期36d,集中在12月末~2月初,年最高气温36℃。年平均降雨量720mm,降雨多集中在7~9月份,占全年总降雨量的64%,蒸发量较小,仅为210mm/年。常年主导风向为西北风,风速2.9m/s。

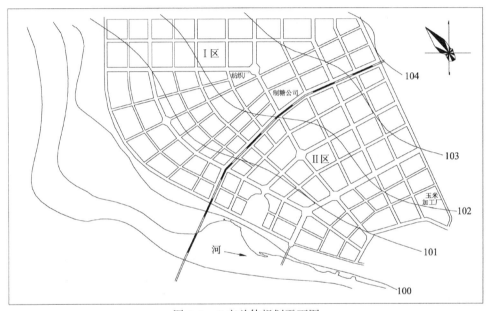

图 6-1　C市总体规划平面图

2. 设计依据

设计依据包括：

(1) GBJ 14—87《室外排水设计规范》；
(2) GB 8978—1996《污水综合排放标准》；
(3)《C市排水工程设计任务书》；
(4)《给水排水设计手册》；
(5) C市总体规划平面图；
(6) 土建、市政工程估算定额标准。

6.2.2　排水系统体制的选择

城市污水通常由生活污水、工业废水和雨水组成,这些污水按照不同的排除方式,可以分为合流制排水系统和分流制排水系统。排水系统体制的选择对于城市排水管网规划设计十分重要,它不仅影响排水系统工程的总投资和运行费用,而且对于城市的环境保护影响重大。因此排水系统体制的选择应充分考虑到环保要求,并根据当地条件,通过进行经济技术比较来确定。

C市风景优美,自然环境良好,属于规划中的新兴城市。为保护环境,实现社会、经济的可持续性发展,应尽可能减少污染物的排放量。因此,选择分流制排水系统是必然的选择。

如果该城市建设资金不足,而且周围水体水量充足,环境容量大,对环保要求不高时,也可以采用截流式合流制排水系统。采用这种排水系统,在不下雨时污水全部经处理后外排,不对环境产生污染;在下雨时将有部分污水与雨水混合外排,会对环境造成一定的污染。

考虑到实际工程中存在各种情况,本次设计分别采用两种排水体制进行规划设计,而对每一种排水体制又提出不同的设计方案,在各种方案的基础上,通过进行经济技术的综合比较,来确定最佳工程设计方案。

6.2.3 排水系统设计方案的确定

1. 分流制排水系统

(1)污水管道系统,分别采用两种完全不同的方案进行设计计算,以便于进行方案比较。两种方案分别为方案A和方案B。

①方案A,根据城市的地形特点(见图6-1),即地势向水体倾斜,地面坡度不大,采用正交截流式布置方案。污水干管沿与等高线垂直(近似)方向布置,污水主干管沿河岸布置,与等高线平行,此方案共设有一根主干管,六根干管,穿越一次铁路,具体布置见图6-2。该方案的特点是充分利用地形,只设一条主干管,管道过一次铁路,但由于起端干管距离较长,可能造成后续管道埋深增加较大。

②方案B,由于该市地形较平缓,I区形状又有些辐射状,造成控制点到管网末端距离过长,管道埋深增加较多。方案B采用分区排水的方式,将城市分为南北两区,设两条主干管,过两次铁路的方案,具体布置见图6-3。该方案的特点是干管长度短,管径小,管道埋深可以降低,但要设两条主干管,管道穿两次铁路。

(2)雨水管道系统,由于该城市城区面积较小,只有一条河流作为受纳水体,雨水排除方式较为简单。雨水管道系统因此采用一种方案进行设计计算,设计方案采用正交式布置,以便可以用最短的距离将雨水迅速排出。

设计中在每一条与等高线正交的街道下设置雨水干管,雨水干管数量较多,每一根干管的汇水面积较小,干管管径较小,相邻的几根干管可以在排放前进行合并,以减少出水口数量,具体布置见图6-4。

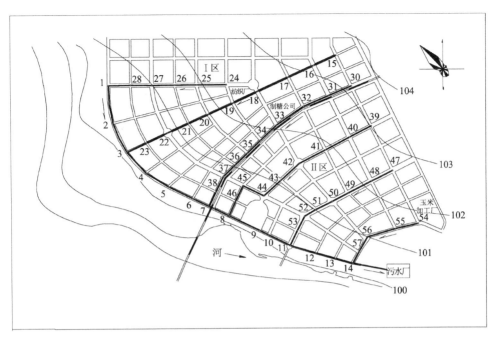

图 6-2　A 方案污水管道平面布置

图 6-3　B 方案污水管道平面布置图

第6章 排水管网工程设计

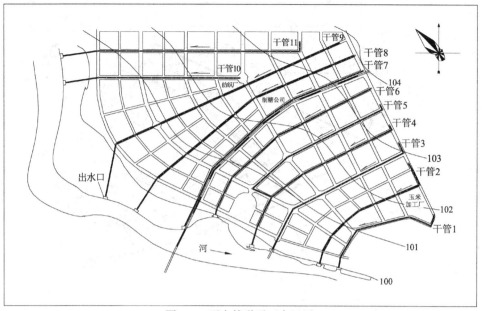

图 6-4 雨水管道平面布置图

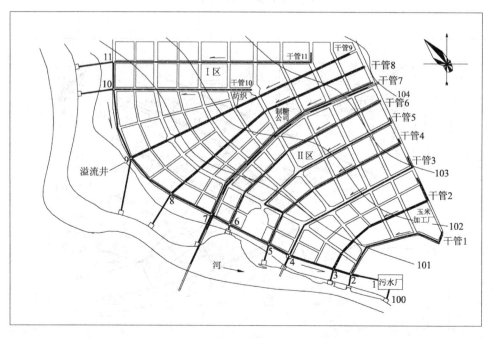

图 6-5 合流制排水管道平面布置图

2. 合流制管道系统

截流式合流制管道系统,污水和雨水共用一套排水系统,在截流干管的不同位置设置溢流井,减少下游管道管径,有利于降低投资。晴天时,截流管以非满流将污水送入污水厂处理,雨天时,随着雨水量的增加,截流管以满流将污水和雨水的混合污水送往处理厂处理,超出截流管设计能力的混合污水通过溢流井排入水体。为便于和分流制排水系统进行经济技术比较,合流制排水干管采用与分流制中雨水干管相类似的布置形式。

6.3 排水管网定线原则

6.3.1 排水系统的规划设计原则

排水系统是控制水环境污染、改善和保护环境的重要设施,同时也是人民身体健康、日常生活以及厂矿企业发展的保障措施。因此,排水工程的规划与设计必须在区域规划及城市工业企业的总体规划基础上进行。

排水系统的规划与设计应遵循以下原则:

1. 要认真贯彻执行宪法中"国家保护环境和自然资源,防治污染和其他公害"以及《环境保护法》、《水污染防治法》。坚持经济建设、城市建设、环境建设同时规划、同时实施、同时发展的原则,开展以城市为中心的环境综合治理,以实施经济效益、社会效益和环境效益的统一,在这些指导思想下,进行排水工程的规划与设计。

2. 认真贯彻"全面规划、合理布局、综合利用、化害为利"的环保方针,正确安排好工农、城市、生产、生活等方面的关系,使经济发展和环境保护统一起来,注意预防和消除对环境的污染。

3. 排水工程的规划应符合区域规划及城市和工业企业的总体规划,并应与城市和工业企业中其他单项工程设施密切配合,互相协调。

4. 排水工程的设计应全面规划,按近期设计,考虑发展有扩建的可能性,并应根据使用要求和技术经济的合理性等因素,对近期工程做出分期建设安排。

5. 在规划与设计排水工程时,必须注意要认真执行有关部门制定的现行有关标准、规范和规定。必须执行国家关于新、改、扩工程实行防治污染的"三同时"规定。

6. 排水系统的规划与设计,要与邻近区域的污水、污泥处理与处置相协调,必须在较大范围内综合考虑。

7. 排水系统的规划与设计,应处理好污染源治理与集中处理的关系。对工业废水要进行适当的预处理,达到要求后排入城市排水系统。

6.3.2 排水管网定线原则

1. 排水管网的定线原则是:应尽可能在管线较短和埋深较浅的情况下,让最大区域的污水自流排除。
2. 定线时通常考虑的因素是:地形和竖向规划;排水体制;污水厂和出水口位置;水文地质条件;道路宽度;地下管线和构筑物的位置;工业企业和产生大量污水的建筑物的分布情况以及发展远景和修建顺序等。
3. 地形一般是影响管道定线的主要因素,定线时应充分利用地形,使管道的走向符合地形趋势,一般应顺坡排水。地形标高较高的污水不要经较低地区泵站排水。
4. 排水管网定线的顺序应当是先确定污水处理厂的位置,然后依次确定主干管、干管、支管的位置。污水厂应设在河流下游,地下水流向的下游,城市主导风向的下风向。
5. 管道埋深和泵站数量直接影响到工程总造价,管网定线需做方案比较,选择最合适的管线位置,使其既能减少埋深,又可少建泵站。
6. 排水管道定线应尽量避免或减少管道与河流、山谷、铁路及地下构筑物交叉,以降低施工费用,减少养护工作的困难。
7. 当排水干管与等高线垂直时,排水干管一般采用双侧集水;当排水干管与等高线斜向相交时,排水干管一般采用单侧集水。当排水干管双侧集水时,干管间距一般为600~1000m;当排水干管单侧集水时,干管间距一般为600~800m。

6.3.3 排水管线的定线说明

1. 污水厂位置选择

综合考虑C市地形、地势及河水流向、风向等因素,将污水厂址选在该市东南角,靠近岸边又与岸边留有一定距离,且离市区符合卫生防护要求(污水厂距居民区大于300m)。污水厂设在河流下游,不会对城市的饮用水源及自然景观产生污染。同时污水厂处于城市主导风向的下风向,不会对城市产生空气污染。污水处理厂工程地质条件较好,交通方便,靠近受纳水体,处理后的水可以就近排放。

2. 污水管道定线

管道定线之前首先确定排水体制,划分排水区域。C市被铁道分成两个区,各地区地势均坡向河流。故干管沿垂直等高线方向布置,主干管则沿河流平行布置,穿越铁道后经污水提升泵站提升送至污水处理厂进行二级处理。

当干管与等高线斜向相交,干管采用单侧集水;当干管与等高线垂直相交时,干管采用双侧集水,见图6-2,图6-3。

城市南部有一广场,城市中间有一条铁路线,在进行管道定线时要注意避让广场,少穿铁路。

3. 雨水管道定线

该地区地形坡向水体,雨水干管基本垂直于等高线,在Ⅰ区设置5个干管,Ⅱ区设置6个干管。各干管基本采用单侧集水,尽可能少出现逆坡排水。干管间距较小,布置在排水流域地势较低的一侧,采用分散出口的雨水布置形式。地面雨水能以最短距离靠重力就近排入水体,见图6-4。城市南部有一重要广场,在雨水管道布置时注意避让,避免雨水管道穿越广场。

4. 合流制管道定线

由于在合流制干管设计中,管道设计流量中绝大部分为雨水流量,污水流量不到设计流量的5%。合流制管道的干管布置形式与分流制中雨水干管的布置形式相同,其管网密度大于分流制中的污水管道系统,因此可以及时迅速地排除污水和雨水。

由于溢流的混合污水对河流有一定的污染,从环保角度考虑,应减少溢流井的数目,并尽可能将溢流井布置在水体的下游。从经济角度考虑,为减小截流干管的尺寸,应增加溢流井的数目,使污水尽早排入水体,降低投资。从管理角度考虑,溢流井应适当集中,不宜过多。

本设计沿水体岸边设置截流干管,截流干管平行于等高线。在截流干管与排水干管交汇处设溢流井,使超过截流干管设计输水能力的混合污水就近排入水体。

6.4 污水管网水力计算

6.4.1 A方案污水管网水力计算

1. 街区编号并计算面积、比流量

按各街区的平面图形计算出街区面积。由原始资料可知,Ⅰ区人口26.7万人,污水量标准105L/(人·d);Ⅱ区人口21.3万人,污水量标准130L/(人·d)。经计算统计,Ⅰ区街区面积总计445.41hm²,Ⅱ区街区面积总计374.96hm²。

假设各城区内人口密度相等,可以计算出比流量。

Ⅰ区比流量:$q_{01}=(267000\times105)/(445.41\times86400)=0.729[L/(s\cdot hm^2)]$

Ⅱ区比流量:$q_{02}=(213000\times130)/(374.96\times86400)=0.855[L/(s\cdot hm^2)]$

2. 划分设计管段,计算各管段的设计流量

方案A中管网定线、设计管段的划分见图6-2。由原始资料可知,C市存在三家工业企业,各厂排水量如下:

制糖公司最大时流量180m³/h,设计秒流量50.00L/s;纺织厂最大时流量105m³/h,设计秒流量29.17L/s,玉米加工厂最大时流量73m³/h,设计秒流量20.28L/s。

各设计管段的设计流量通过计算机进行计算,本设计是初步设计,只对干管和主干管进行设计计算,具体见附录表6-1中污水管道A方案电算结果。

3. 设计规定

(1)最小流速:为防止管道淤积,根据设计规范及有关运行经验,污水管道最小流速定为0.6m/s。

(2)最小管径:为防止管道淤积,减少清通次数,街区和厂区内连接管道的最小管径采用200mm,街道管(支管、干管、主干管)的最小管径采用300mm。

(3)最小设计坡度:管径为200mm时,采用的最小设计坡度为0.004;管径为300mm时,采用的最小设计坡度为0.003。

(4)不同管径的最大设计充满度见《城镇排水工程设计规范》。

(5)最大埋深:根据当地地下水位及地质情况,管道最大埋深采用6.40~6.50m。

(6)最小覆土厚度:必须满足三点要求:防止管道内污水冰冻和因土壤冻胀而损坏管道,要求管内底标高在冰冻线以上0.15m;防止管壁因地面荷载而受到破坏,要求覆土厚度大于0.7m;满足街坊污水连接管衔接的要求。

4. 管道起点埋深的确定

管道起点埋深要考虑冰冻深度、覆土厚度和管道连接要求,通过计算确定。该地区最大冰冻深度1.80~1.85m,覆土厚度采用0.70m。

满足连接要求所需的管道埋深按下式计算:

$$H = h + I \cdot L + Z_1 - Z_2 + \Delta h$$

式中 H——所需的管道起点的最小埋深,m;

h——街区管起点出户管最小埋深,一般采用0.50~0.70m;

Z_1——管道起点地面标高,m;

Z_2——街区管起点地面标高,m;

I——街区管和污水支管的坡度;

L——街区管和污水支管的长度,m;

Δh——街区管和污水支管的管内底高差,m,街道管与街区管管内底最小高差取0.1m。

各干管管段起点埋深计算结果见表6-7,均大于冰冻深度和覆土厚度,因此取表中各值作为各干管起点埋深。

5. 控制点的确定

在污水排放区域内,对管道系统的埋深起控制作用的地点称为控制点。确定控制点的标高一方面应根据城市竖向规划,保证排水区域内各点的污水都能排出,并考虑发展,在埋深上留有余地。另一方面,不能因照顾个别控制点而增加整个管道系统的埋深。

根据 A 方案地形特点,15 点为整个管网的控制点,该点管内底标高为冰冻线以上 0.15m,埋深为 1.65m。

6. 泵站设置地点的确定

在排水系统中,由于地形条件等因素的影响,通常可能设中途泵站、局部泵站、终点泵站。当管道埋深接近最大埋深时,为提高下游管道的管位而设置的泵站称为中途泵站。若将低洼地区的污水提升到地势高地区管道中;或是将高层建筑地下室、地铁、其他地下建筑的污水抽送到附近管道系统所设置的泵站称为局部泵站。此外,污水管道系统终点埋深通常很大,而污水处理构筑物因受受纳水体水位的限制,一般须埋深很小或设置在地面上,因此须设置泵站将污水抽升至处理构筑物,这类泵站称为终点泵站或总泵站。

本设计中主要采用的是中途泵站和总泵站。本设计地下水位为 -6.4 ~ -6.5m,由水力计算可知在 8 点处的埋深 6.25m(见水力计算表),后续的埋深都已超过了地下水位,因此决定在 8 点设中途提升泵站,以降低下游的管道埋深。中途泵站将管道埋深由 6.13m 提升到 3.90m,提升高度为 2.23m。总泵站设在管网终端,位于污水处理厂内。

各干管起点埋深计算表　　　　表 6-7

管段编号	h	I_1	L_1	I_2	L_2	Z_1	Z_2	Δh	H
15~3	0.5	0.004	400			103.53	104.08	0.1	1.65
24~1	0.5	0.004	550			102.29	102.39	0.1	2.70
30~7	0.5	0.004	320	0.003	250	103.23	103.64	0.1	2.22
39~8	0.5	0.004	400	0.003	340	103.00	103.60	0.1	2.70
47~11	0.5	0.004	440	0.003	400	102.62	103.39	0.1	2.70
54~14	0.5	0.004	400	0.003	600	101.70	102.92	0.1	2.89

7. 管道水力计算

管道水力计算通过计算机进行计算,结果见附录表 6-1。

6.4.2 B 方案污水管网水力计算

1. 划分设计管段,计算各管段的设计流量

方案 B 中管网定线、设计管段的划分见图 6-3。设计中采用两条主干管,穿越两次铁路的方案。该方案虽增加了主干管长度,但可以降低整个管网的埋深。

各设计管段的设计流量通过计算机进行计算,计算结果见附录表 6-2 中污水

管道 B 方案水力计算表。

2. 确定各管段起点埋深

如前所述,各干管起点埋深计算结果见表 6-8。

3. 管网水力计算

B 方案管道水力计算的计算结果见附录表 6-2。污水管道水力计算表中各符号含义见附录 6-1。

4. 控制点的确定

根据干管的计算结果,确定 26 为主干管 1 的控制点,确定 40 为主干管 2 的控制点。其埋深见表 6-8。

5. 中途泵站的确定

经初步计算得出:

主干管 1 的终端埋深为 4.86m,不需要中途提升。主干管 2 的计算结果表明在 8 点管道埋深达到 6.40m,埋深都已超过了地下水位,需设中途泵站提升以满足要求。因此决定在 8 点设中途提升泵站,中途泵站将管道埋深由 6.40m 提升到 3.80m,提升高度为 2.60m。总泵站设在管网终端,位于污水处理厂内。

各干管起点埋深计算表　　　　　　　　　表 6-8

管段编号	h	I_1	L_1	I_2	L_2	Z_1	Z_2	Δh	H
26~16	0.5	0.004	160	0.003	250	103.53	103.87	0.1	1.65
29~18	0.5	0.004	300	0.003	340	103.23	103.83	0.1	2.22
32~20	0.5	0.004	400	0.003	400	103.00	103.70	0.1	2.70
35~22	0.5	0.004	400	0.003	500	102.62	103.62	0.1	2.70
38~25	0.5	0.004	400	0.003	600	101.76	102.87	0.1	2.89
40~1	0.5	0.004	400	0.003	400	102.29	103.00	0.1	2.70
45~3	0.5	0.004	450			102.19	102.38	0.1	2.21
50~7	0.5	0.004	325	0.003	300	101.73	102.44	0.1	2.10
55~8	0.5	0.004	370			101.50	101.96	0.1	1.65
60~11	0.5	0.004	350	0.003	350	101.00	101.41	0.1	2.64

6.4.3 污水管网结果分析

根据电算初步结果,确定 A 方案和 B 方案均须设一个中途泵站,泵站的位置及提升高度方面条件相似,泵站的设计流量不同,会影响整个泵站的总造价。本设计主要考虑的是管网、泵站的造价问题。

结果分析如下:

A、B 方案经济比较 表 6-9

方案	设泵位置	泵站设计水量(L/s)	水泵静扬程(m)	泵站造价(元)	终点埋深(m)	管网总造价(元)	总造价(元)	备注
A	8点	671	2.23	1528538	6.02	4630007	6158545	泵站运行费用高
B	8点	435	2.60	988755	5.32	4699614	5688369	泵站运行费用低

由表 6-9 可以看出,A 方案和 B 方案的管网部分的总造价相差不到总费用的 3%,泵站造价 B 方案明显低于 A 方案,B 方案工程总造价 5688369 元,比 A 方案减少 470176 元,节省投资约 8%,同时考虑 A 方案泵站流量较大,运行费用高,因此综合比较后选择 B 方案为最终的设计方案。

6.5 雨水管网水力计算

6.5.1 主要设计参数确定

1. C 市暴雨强度公式为:

$$q = \frac{1984(1+0.75\lg P)}{(t+7.2)^{0.78}}$$

式中 q——设计暴雨强度,$L/(s \cdot hm^2)$;

P——设计重现期,根据 C 市实际情况,取 $P=1$ 年;

t——设计降雨历时,min;

$$t = t_1 + m \cdot t_2$$

t_1——地面集水时间,min;

t_2——管渠内雨水流行时间,min;

m——折减系数。

根据《室外排水设计规范》规定:暗管 $m=2.0$ 明渠 $m=1.2$ 本设计取 $m=2.0$

2. 地面集水时间 t_1 的确定

根据《室外排水设计规范》规定:地面集水时间视距离长短和地形坡度及地面覆盖情况而定,一般采用 $t_1 = 5 \sim 15\min$。根据经验,一般对汇水面积较大、地形较平坦、雨水口布置较稀疏的地区,宜采用较大值,一般采用 $t_1 = 10 \sim 15\min$。

C 市地势较平缓,街区面积较大,地面绿化较好,因此 t_1 取较大值,采用 $t_1 = 15\min$。

3. 雨水设计流量确定

$$Q = \psi \cdot q \cdot F$$

式中 Q——雨水设计流量,L/s;

ψ——地面径流系数；
F——雨水汇水面积，hm^2；
q——设计暴雨强度，$L/(s \cdot hm^2)$。

4. 径流系数 ψ 值的求定

$$\psi = \frac{\sum F_i \psi_i}{\sum F_i}$$

式中 F_i——各类地面的面积，hm^2；
ψ_i——各类地面径流系数。

各类地面径流系数 ψ_i 值见表6-10。

根据原始资料表6-5，可分别求出 Ⅰ 区、Ⅱ 区的地面径流系数 ψ_1、ψ_2。

Ⅰ 区：$\psi_1 = 0.523$

Ⅱ 区：$\psi_2 = 0.535$

地面径流系数 ψ_i 值　　　　　　　表6-10

地 面 种 类	ψ 值
各种屋面、混凝土、沥青路面	0.90
碎石路面	0.40
非铺砌土路面	0.30
公园、绿地	0.15

5. 一般规定

雨水管道设计应满足以下规定：

（1）雨水管道按满流计算，最小设计流速一般不小于 0.75m/s，钢筋混凝土管最大流速不超过 5m/s。

（2）雨水管道最小管径为 300mm，相应最小设计坡度 3‰。

（3）管道的连接，一般采用管顶平接，必须保证进水管底不得低于出水管底，且保证覆土大于或等于 0.7m。

（4）充分利用地形，就近排入水体或低洼地区。

（5）根据城市规划布置雨水管道，应平行道路铺设，宜布置在行道或草地下，不宜布置在快车道下，雨水口布置应使雨水不致漫过路面，间距视道路坡度、宽度不同而定。联络管最小管径 300mm，最小坡度 0.01。

6.5.2 汇水面积计算

根据管道的具体位置，在管道转弯处，管径或坡度改变处，有支管接入或两条以上管道交汇处以及超过一定距离的直线管段上应设检查井，两检查井之间流量、管径、坡度不变的管段为设计管段，各设计管段汇水面积的划分应结合地形坡度、汇水面积大小及雨水管道布置情况而划定。

1. 管道定线、划分排水流域和设计管段

根据城市总体规划图,按实际地形划分排水流域,进行管道定线,并确定各设计管段,见图6-4。

2. 计算各设计管段的汇水面积

各设计管段汇水面积的划分应结合地形坡度、汇水面积的大小和雨水管道的布置情况而划定。雨水管道的汇水面积应基本上保证均匀增加,这样才能保证管径是均匀增加的,另外在管径发生较大变化的地方应对汇水面积适当的加以调整。一般而言,管径变化的管段上游应适当的减少汇水面积而在下游增加汇水面积,这样做的原因是可以使管道的坡度都适当的减小。

雨水干管终端计算结果　　　　　　　表6-11

管　号	终端地面标高（m）	终端管底标高（m）	终端埋深（m）	管　径（mm）	最高水位标高（m）	排水方式
干管1	99.800	97.007	2.79	1200	96.50	自流
干管2	99.970	96.955	3.02	1800	96.50	自流
干管3	99.970	97.280	2.69	1500	96.50	自流
干管4和5	99.900	96.954	2.95	2000	96.50	自流
干管6	99.960	97.387	2.68	1500	96.50	自流
干管7	99.800	96.894	2.91	1700	96.50	自流
干管8	99.800	96.894	2.91	1700	96.50	自流
干管9	99.800	96.047	3.75	1800	96.50	自流
干管10	99.900	96.966	2.93	1500	96.50	自流
干管11	99.900	96.209	3.69	1350	96.50	自流

6.5.3　雨水管道水力计算

雨水管道通过计算机程序进行计算,其结果见附录表6-3~表6-14。雨水管道水力计算表中各符号含义见附录6-2。

由于雨水管道是满流排放,经初步计算可知,在最高洪水位时各干管能够自流进入水体,计算结果见表6-11。

6.6　合流制管道系统的水力计算

6.6.1　主要设计数据的确定

主要数据的确定包括:

(1)设计流速、最小坡度、最小管径、覆土厚度同雨水管道。
(2)设计充满度按满流计算。
(3)生活污水、工业废水采用平均流量,污水总变化系数采用1。
(4)截流倍数 $n_0=3$。

6.6.2 合流管渠的水力计算

1. 排水干管的水力计算

合流管渠排水干管的水力计算基本同雨水管渠系统,只是在计算设计流量适当加上旱季流量。旱季流量取平均日生活污水量和平均日工业废水量之和。因旱季流量小于雨水量的5%,因此在计算中可忽略不计。

排水干管的定线和水力计算同雨水管道。具体见图6-5和附录表中雨水管道水力计算表。

2. 截流干管的水力计算

(1)设计管段的划分,在截流干管上按照溢流井的数量和位置划分设计管段,见图6-5。

(2)各管段设计流量的确定,各管段设计流量的计算结果见表6-12。

合流制管道设计流量计算表　　　　　　表6-12

管段编号	设计流量 (L/s)					溢流水量(L/s)
	雨水	生活污水	工业废水	污水合计	截流干管	
11—10	1779.8	48.06		48.06	192.24	1635.62
10—9	2100.0	91.24		91.24	364.96	1927.28
9—8	3077.9	180.66	20.83	201.49	805.96	2636.90
8—7	2590.1	242.45	56.71	299.16	1194.64	2201.42
7—6	2386.9	304.24	56.71	360.95	1443.8	2137.74
6—5	2076.3	369.00	56.71	425.71	1702.84	1817.26
5—4	3684.9	478.53	56.71	535.24	2140.96	3246.78
4—3	2163.1	538.21	56.71	594.92	2379.68	1924.38
3—2	2873.5	611.86	56.71	668.57	2674.28	2578.9
2—1	1421.8	644.80	71.87	716.67	2866.68	1229.40

(3)管道水力计算,各管段水力计算结果见表6-13、表6-14。

在8b点设中途提升泵站,该点位于8—9管段中心,距两端点距离均为410m。中途泵站将管段埋深由6.64m提至2.80m,提升高度3.84m。

在1点设混合污水总泵站,将混合污水提升处理。

6.6 合流制管道系统的水力计算

合流制截流干管水力计算表 表 6-13

管段编号	管长(m)	设计流量(L/s)	设计管径(mm)	设计流速(m/s)	设计坡度	坡降(m)
11—10	400	192.24	500	1.00	0.0027	1.080
10—9	980	364.96	700	0.92	0.0015	1.470
9—8	820	805.96	1050	0.90	0.00085	0.697
8—7	680	1196.64	1250	0.85	0.00057	0.388
7—6	300	1443.80	1350	0.97	0.00065	0.195
6—5	640	1702.84	1450	0.90	0.00054	0.346
5—4	340	2140.96	1600	1.00	0.00058	0.197
4—3	680	2379.68	1600	1.15	0.00075	0.510
3—2	280	2674.28	1800	0.98	0.00046	0.129
2—1	500	2866.68	1800	1.03	0.00060	0.300

合流制截流干管水力计算表 单位:m 表 6-14

管道编号	地面标高 起点	地面标高 终点	管底标高 起点	管底标高 终点	埋深 起点	埋深 终点	备注
11—10	100.865	100.591	96.915	95.835	3.95	4.76	
10—9	100.591	100.070	95.635	94.165	4.96	5.91	
9—8b	100.070	100.110	93.815	93.466	6.255	6.64	8b设提升泵站
8b—8	100.110	100.150	97.310	96.962	2.80	3.19	
8—7	100.150	100.150	96.762	96.374	3.39	3.78	
7—6	100.150	100.100	96.274	96.079	3.88	4.02	
6—5	100.100	100.125	95.979	95.633	4.12	4.49	
5—4	100.125	100.192	95.483	95.286	4.64	4.91	
4—3	100.192	100.169	95.286	94.776	4.91	5.39	
3—2	100.169	100.190	94.576	94.447	5.59	5.74	
2—1	100.190	100.190	94.447	94.147	5.74	6.04	总泵站

3. 溢流管水力计算

本设计采用截流式合流制,在排水干管与截流主干管相连接处设溢流井,雨天时大量混合污水通过溢流管排入水体。本设计共设有 10 个溢流井,与之相连设有 10 条溢流管道。溢流管水力计算见表 6-15、表 6-16。

4. 溢流井

溢流井采用截流槽式溢流井。在井中设置截流槽,槽顶与截流干管的管顶相平。溢流井位于排水干管与截流干管交汇处,共设 10 座,位置见图 6-5。

9a 和 11a 两处排水口的管底标高低于最高洪水位,考虑溢流管采取满流设计,混合污水可以自流排出。

溢流管水力计算表

表 6-15

管段编号	管长(m)	设计流量(L/s)	设计管径(mm)	设计流速(m/s)	设计坡度	坡降(m)
11—11a	650	1635.62	1350	1.0	0.0009	0.585
10—10a	620	1927.28	1500	1.1	0.00075	0.465
9—9a	800	2636.90	1800	1.0	0.0005	0.400
8—8a	580	2201.42	1650	0.94	0.0005	0.290
7—7a	500	2137.74	1650	0.94	0.0005	0.250
6—6a	120	1817.26	1500	0.93	0.00055	0.066
5—5a	290	3246.78	2000	0.96	0.00040	0.116
4—4a	200	1924.38	1500	1.10	0.00075	0.150
3—3a	220	2578.90	1800	0.95	0.00045	0.099
2—2a	240	1229.40	1200	0.90	0.00065	0.156

注：符号 a 表示溢流管终端排水口。

溢流管水力计算表 单位：m

表 6-16

管道编号	地面标高		管底标高		埋深		备注
	起点	终点	起点	终点	起点	终点	
11—11a	100.865	99.900	96.931	96.346	3.93	3.55	自流排出
10—10a	100.591	99.900	97.511	97.046	3.08	2.85	自流排出
9—9a	100.070	99.800	96.621	96.221	3.45	3.58	自流排出
8—8a	100.150	99.800	97.015	96.725	2.91	3.08	自流排出
7—7a	100.150	99.800	97.237	96.987	2.91	2.81	自流排出
6—6a	100.100	99.960	97.387	97.321	2.71	2.64	自流排出
5—5a	100.125	99.900	97.124	97.008	3.00	2.89	自流排出
4—4a	100.192	99.970	97.467	97.317	2.73	2.65	自流排出
3—3a	100.169	99.970	97.092	96.993	3.08	2.98	自流排出
2—2a	100.190	99.800	97.326	97.170	2.86	2.63	自流排出

注：符号 a 表示溢流管终端排水口。

6.7 管道管材、接口、基础和附属构筑物

6.7.1 管道管材、接口、基础

1. 管材

管材采用钢筋混凝土圆管。

2. 管道接口

支管采用水泥砂浆抹带接口,干管、主干管采用钢丝网水泥砂浆抹带接口。穿越铁路时采用重型钢筋混凝土顶管施工。

3. 管道基础

根据管道埋深、管径、地下水位、工程地质条件确定,支管采用砂垫层基础,干管采用混凝土枕基基础。主干管采用90~180°带形混凝土基础。

6.7.2 附属构筑物

1. 检查井

污水管道 $d \leqslant 400$mm, 检查井间距采用30m,采用圆形检查井;
$d = 500 \sim 900$mm, 检查井间距采用45m,采用圆形检查井;
$d = 1000 \sim 1400$mm, 检查井间距采用60m,采用矩形检查井;
雨水、合流制管道 $d \leqslant 600$mm, 检查井间距采用40m,采用圆形检查井;
$d = 700 \sim 1100$mm, 检查井间距采用50m,采用圆形检查井;
$d = 1200 \sim 1800$mm, 检查井间距采用65m,采用矩形检查井;
$d \geqslant 1800$mm, 检查井间距采用80m,采用矩形检查井;

圆形检查井具体做法见《给水排水标准图集》S231;
矩形检查井具体做法见《给水排水标准图集》S232;

此外,在管道转向处、坡度和管径变化处、管道交汇处均需设置检查井。在适当检查井中设沉淀槽,沉淀槽深度 $H = 600 \sim 800$mm,采用水力机械清洗。

2. 跌水井

排水管道连接处若跌落水头大于1m时,设置跌水井。当管径 $d \leqslant 200$mm,设竖管式跌水井,当管径 $d \leqslant 400$mm,采用竖槽式井外跌水井,不需要水力计算,做法见《给水排水标准图集》S234。当管径 $d \geqslant 400$mm,采用阶梯式跌水井,需要进行水力计算,做法见《给水排水标准图集》S234。

(1) 跌水井水力计算

以污水管网方案A中最后一条干管54—14末端跌水井为例,进行水力计算,确定跌水井的构造尺寸。

已知管道设计流量130L/s,跌水高度 $H = 2.0$m,上游管道管径 $d_1 = 600$mm,$v_1 = 0.81$m/s,充满度为0.554。下游管道管径、充满度均与上游管道相同,下游管道埋深5.48m。该跌水井采用阶梯式。

跌水井井长计算: 井长 $L = 2L_1$

$$L_1 = 1.15\sqrt{H_0(H + 0.33H_0)}$$

$$H_0 = h_1 + \frac{v_1^2}{2g}$$

式中 H——跌落高度,m;

H_0——上游进水管出口处水深,m;
v_1——上游进水管流速,m/s;
h_1——上游进水管水深,m。

$$H_0 = h_1 + \frac{v_1^2}{2g} = 0.60 \times 0.554 + 0.033 = 0.36 \text{m}$$

$$L_1 = 1.0 \text{m}$$

井长 $\qquad L = 2L_1 = 2.0 \text{m}$

确定跌水井井宽:

由于上、下游管道均为600mm,考虑到施工要求,跌水井井宽采用0.8m。

确定跌水井井深:

跌水井井深=下游管道埋深+消力槛深度(P)

$P = B - h_2 \qquad B$ 为水垫层厚度,即为下游管道水面到井底的高度

$\qquad\qquad\qquad h_2$ 为下游管道水深

$B = f(q_0, T) \qquad q_0$ 为单宽流量,$q_0 = 0.13/0.8 = 0.163 \text{m/(s·m)}$

$$T = H + h_1 + P + \frac{v^2}{2g}$$

当 $P = 0$ 时,$T_0 = 2.36$

通过查水力计算图表,由 q_0, T 可计算出 $B = 0.42$

$$P_0 = B - h_2 = 0.42 - 0.33 = 0.09 \text{m}$$

取 $P = 1.15 \quad P_0 = 0.10 \text{m}$

跌水井井深:$5.48 + 0.1 = 5.58 \text{m}$

(2)跌水阶梯水力计算

跌水高度2.0m,单个阶梯高度0.2m,共设10个台阶。设每节台阶距池壁距离为 x_i,距上游管底的垂直距离为 y_i。

则 $\qquad\qquad\qquad x_i = L_1 \sqrt{\dfrac{y_i}{H}}$

计算结果见表6-17。

跌水井各阶梯坐标 表6-17

y_i	0.2	0.4	0.6	0.8	1.0	1.2	1.4	1.6	1.8	2.0
x_i	0.316	0.447	0.548	0.632	0.707	0.775	0.836	0.894	0.948	1.00

第7章 排水泵站工程设计

排水泵站按其排水的性质一般可分为污水泵站、雨水泵站、合流泵站和污泥泵站。按其在排水系统中的作用可分为中途泵站和终点泵站(又叫总泵站)。中途泵站通常是为了避免排水干管埋设太深而设置的。终点泵站是将整个城镇的污水抽送到污水处理厂处理以及将处理后的污水进行农田灌溉或直接排入水体。

7.1 排水泵房的类型

排水泵房的类型取决于进水管渠的埋设深度、污水流量、水泵机组的型号与台数、水文地质条件以及施工方法等因素。

7.1.1 圆形泵房和矩形泵房

根据集水井和机器间的形状,以及水泵台数、工艺要求、施工条件、水量大小等因素,排水泵房可采用圆形泵房、矩形泵房和下圆上方形泵房的结构形式。

1. 圆形泵房

圆形泵房适合于中小排水量,水泵不超过4台,泵房内径7~15m。圆形泵房结构受力条件好,便于采用沉井施工,可降低工程造价,水泵启动方便,易于根据吸水井的水位实现自动操作。缺点是机器间内机组与附属设备布置较困难。当泵房很深时,工人上下不便,且电动机容易受潮湿。由于电动机机组设于地下,需考虑通风设施,以降低机器间的温度。圆形泵房见图7-1。

2. 矩形泵房

矩形泵房适合于大型排水量,水泵台数为4台或更多时,采用矩形泵房,泵房平面尺寸长12~30m,宽4~12m。矩形泵房的机组、管道和附属设备的布置较为方便,启动操作简单,易于实现自动控制。电器设备置于上层,不易受潮,工人操作管理条件良好。缺点是建造费用高。当土质差,地下水位高时,因不利施工,不宜采用。矩形泵房见图7-2。

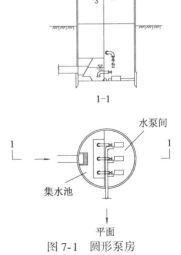

图7-1 圆形泵房

3. 下圆上方形泵房

下圆上方形泵房适合于中小型排水量,水泵不超过4台,泵房下部采用圆形泵房结构,便于沉井施工。上部采用矩形结构,室内面积利用率高,便于机组、管道和附属设备的布置安装。下圆上方形泵房见图7-3。

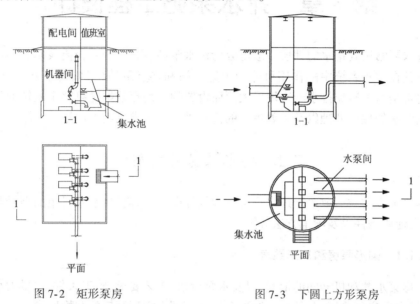

图7-2 矩形泵房　　　　　图7-3 下圆上方形泵房

7.1.2 干式泵房和湿式泵房

选择不同的水泵安装方式,排水泵房形式分为干式泵房、湿式泵房和潜污泵泵房。

1. 干式泵房

集水池和机器间由隔墙分开,只有吸水管和水泵叶轮淹没在水中,机器间可经常保持干燥,以利于对水泵的检修和保养,又可避免污水对轴承、管件、仪表的腐蚀。干式泵房见图7-4。

2. 湿式泵房

电动机设在机器间内,水泵叶轮、轴承、吸水管等淹没在机器间下部的集水井中,水泵间与集水井合建在一起,其结构比干式泵房简单。但缺点是对水泵部件的腐蚀严重,管理人员工作条件较差,往往要停水维修、换泵,一般较少采用。湿式泵房见图7-5。

3. 潜污泵泵房

集水井和操作间上下分开,操作间建于集水井之上,潜污泵泵体和电机直接安装在集水井内,潜污泵利用导轨升至操作间进行检修。潜污泵出水管伸出集水井进入操作间,在操作间内安装阀门等设备,安装检修方便,潜污泵可以沿着竖管滑动,检修潜污泵时可以沿着竖杆提升到地面检修,因此目前潜污泵房应用得较多。

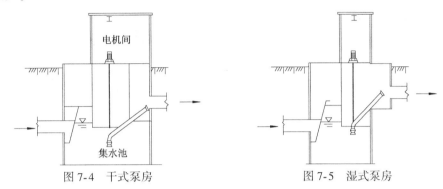

图 7-4 干式泵房　　　　　　图 7-5 湿式泵房

7.1.3 自灌式泵房和非自灌式泵房

水泵及吸水管的充水方式不同,排水泵站分为自灌式泵房、半自灌式泵房与非自灌式泵房三种。

1. 自灌式泵房

自灌式泵房的水泵叶轮(或泵轴)低于集水井的最低水位,在最高水位、中间水位和最低水位三种情况下都能直接启动。自灌式泵房优点是启动及时可靠,不需引水等辅助设备,操作简便。缺点是泵房较深,增加地下工程造价,采用卧式泵时电动机容易受潮。在自动化程度较高的泵站、较重要地区的雨水泵站、立交桥排水泵站、开启频繁的污水泵站中,宜尽量采用自灌式泵房。

2. 半自灌式泵房

半自灌式泵房的水泵叶轮(或泵轴)低于最高水位,高于最低水位,位于最高水位和最低水位之间的中间水位,当集水井水位达到中间水位时方可启动。半自灌式泵房优点是启动及时可靠,不需引水等辅助设备,减小埋深,操作简单,是目前使用较多的排水泵房。

3. 非自灌式泵房

非自灌式泵房的水泵叶轮(或泵轴)高于集水井最高水位,不能直接启动,由于污水泵吸水管不准设底阀,故需采用引水设备。这种泵房埋深较浅,具有结构简单、室内干燥,卫生情况较好,利于采光和自然通风等优点。在来水流量较稳定,水泵开启并不频繁,施工有一定困难的条件下,采用非自灌式泵房较为合适。

7.1.4 合建式泵房和分建式泵房

1. 合建式泵房

集水井与机器间上下设置,或者集水井和机器间前后设置,二者建为一体,结构紧凑,占地面积少,维修管理方便。自灌式泵房大多采用合建式,结构紧凑,占地面积少,便于施工。合建式泵房见图7-6。

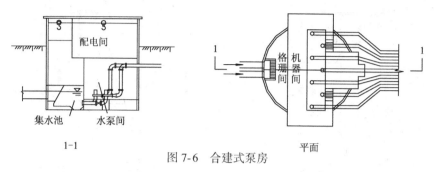

图7-6 合建式泵房

2. 分建式泵房

集水井和机器间分建为两个独立的构筑物,两者之间可以相隔一定距离,但需满足水泵吸程和施工中互不干扰的要求。一般集水井为圆形或矩形的地下形式。机器间为矩形,较多采用地上式。分建式泵房见图7-7和图7-8。

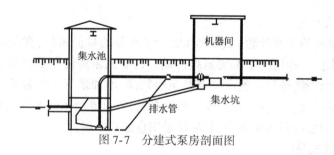

图7-7 分建式泵房剖面图

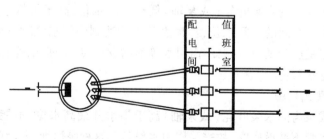

图7-8 分建式泵房平面图

7.1.5 半地下式泵房和全地下式泵房

1. 半地下式泵房

半地下式泵房的机器间位于地面以下,为了满足自灌式水泵启动的要求,将卧式水泵基础与集水井底设在一个水平面上。半地下式泵房地面以上建筑物的空间要能满足吊装、运输、采光、通风等机器间的操作要求,并能设置管理人员工作的值班室和配电室,一般排水泵站应采用半地下式泵房。

2. 全地下式泵房

在某些特定情况下,泵房的全部构筑物都要求设在地面以下,地面以上不允许有任何建筑物出现,只留有供出入用的门(或人孔)和通气孔、吊装孔。此种泵房几乎没有占地的问题,但是全地下式泵房通风条件差,设备易于腐蚀,管理人员出入不方便。

7.2 泵站管道系统的设计计算

水泵的管道系统包括吸水管和压水管。吸水管的管径一般大于 0.1m,吸水管道系统的安装要求有 5‰ 的坡度,坡向集水井。吸水管道上安装阀门,便于维修。进口渐缩管采用偏心渐缩管,防止积存空气。压水管的管径一般比吸水管管径小 1 号,压水管道系统的安装要求有 5‰ 的坡度,坡向水泵。压水管道上安装压力表、阀门和止回阀,便于维修和调节流量。

污水泵房设计一般按远期水量设计,按近期水量复核水泵的扬程及工况点,使工况点保证水泵在高效率区工作,以达到节能的目的。

7.2.1 预选水泵型号

根据东北地区 C 城镇的排水管网工程设计任务书的要求,排水泵站的设计流量为 $0.850 \text{m}^3/\text{s}$,设计中预选 5 台 PW 型水泵,4 用 1 备,每台水泵流量 $0.240 \text{m}^3/\text{s}$,水泵的管道采用钢管,管径 $DN500\text{mm}$。每台水泵设 1 条吸水管道和 1 条压力管道,单进单出,压水管道直接接入出水井中。

1. 水泵静扬程

$$H_1 = h_1 - (h_2 - h_3)$$

式中 H_1——水泵静扬程,m;

h_1——出水井水面标高,m;

h_2——集水井水面标高,m;

h_3——集水井有效水深,m,一般采用 2~3m。

设计中取 $h_3 = 2.5\text{m}$

$$H_1 = 103.5 - (98.0 - 2.5) = 8\text{m}$$

2. 水泵吸水管水头损失

$$H_2 = \sum L \cdot i + 30\% \times \sum L \cdot i$$

式中 H_2——水泵吸水管水头损失,m;
  L——水泵吸水管长度,m;
  i——水力坡度,‰。
  设计中取 $L=10$m

$$H_2 = 10 \times 3.92‰ + 30\% \times 10 \times 3.92‰ = 0.05\text{m}$$

3. 水泵压水管水头损失

$$H_3 = \sum L_1 \cdot i + 30\% \times \sum L_1 \cdot i_1$$

式中 H_3——水泵压水管水头损失,m;
  L_1——水泵压水管长度,m;
  i_1——水力坡度,‰。
  设计中取 $L_1=30$m

$$H_3 = 30 \times 3.92‰ + 30\% \times 30 \times 3.92‰ = 0.15\text{m}$$

4. 水泵扬程

$$H = H_1 + H_2 + H_3 + H_4$$

式中 H——水泵扬程,m;
  H_4——自由水头损失,m,一般采用 1~2m。
  设计中取 $H_4=1.5$m

$$H = 8 + 0.05 + 0.15 + 1.5 = 9.7\text{m}$$

5. 预选水泵型号

选用 5 台 12PWL 型污水泵,每台污水泵流量 $Q=0.25\text{m}^3/\text{s}$,扬程 $H=12$m,转速 $n=725$ 转/分,配套电机功率 $N=55$kW,效率 $\eta=70\%$,吸程 $H_s=4.5$m,电机与水泵重 $T=1000$kg,4 用 1 备。

7.2.2 水泵设计流量与扬程

泵站形式采用矩形泵站,5 台水泵并排布置,每台水泵设 1 条吸水管和 1 条压水管,单进单出,管路上分别设吸水喇叭口、吸水管、渐缩管、渐扩管和压水管等,出水流入出水井内。经泵站平面布置后对水泵的总扬程进行核算。

1. 水泵静扬程

$$H_1 = h_1 - (h_2 - h_3)$$

式中 H_1——水泵静扬程,m;
  h_1——出水井水面标高,m;
  h_2——集水井水面标高,m;
  h_3——集水井有效水深,m,一般采用 2~3m。
  设计中取 $h_3=2.5$m

$$H_1 = 103.5-(98.0-2.5)=8\text{m}$$

2. 水泵吸水管水头损失

$$H_2 = \sum L \cdot i + \sum \xi_2 \frac{v_2^2}{2g}$$

式中　H_2——水泵吸水管水头损失,m;

　　　L_2——水泵吸水管长度,m;

　　　i_2——水力坡降,‰;

　　　ξ_2——阻力系数;

　　　v_2——水泵吸水管内水流流速,m/s,一般采用 0.7~1.5m/s。

设计中取水泵吸水管管径 DN500mm,$L_2 = 6$m,吸水管上安装 DN700mm×500mm 的吸水喇叭口 1 个($\xi=0.1$),DN500mm 的弯头 1 个($\xi=0.5$),DN500mm 的阀门 1 个($\xi=0.1$),DN500mm 的橡胶柔性接头 1 个($\xi=0.1$),DN500mm×300mm 的偏心渐缩管 1 个($\xi=0.2$)。

$$H_2 = 6\times3.92‰+(0.1+0.5+0.1+0.1)\frac{1.23^2}{2g}+0.2\frac{3.5^2}{2g}=0.21\text{m}$$

3. 水泵压水管水头损失

$$H_3 = \sum L_3 \cdot i_3 + \sum \xi_3 \frac{v_3^2}{2g}$$

H_3——水泵压水管水头损失,m;

L_3——水泵压水管长度,m;

i_3——水力坡降,‰;

ξ_3——阻力系数;

v_3——水泵压水管内水流流速(m/s),一般采用 0.8~2.5m/s。

设计中取水泵压水管管径 DN500mm,$L_3 = 20$m,压水管上安装 DN500mm×250mm 的渐缩管 1 个($\xi=0.25$),DN500mm 的橡胶柔性接口 1 个($\xi=0.1$),DN500 的阀门 1 个($\xi=0.1$),DN500mm 的止回阀 1 个($\xi=2.5$),DN500mm 的弯头 4 个($\xi=0.5$)。

$$H_3 = 20\times6.75‰+(0.1+0.1+2.5+0.5\times4)\frac{1.5^2}{2g}+0.25\frac{5.1^2}{2g}=0.77\text{m}$$

4. 水泵所需总扬程

$$H=H_1+H_2+H_3+H_4$$

式中　H——水泵所需总扬程,m;

　　　H_1——水泵静扬程,m;

　　　H_4——自由水头损失,m,一般采用 1.0~2.0m。

设计中取 $H_4 = 1.5$m

$$H = 8+0.21+0.77+1.5 = 10.48 \text{m}$$

7.3 集水井计算

1. 集水井最高水位

$$H_1 = h_1 - h_2$$

式中 H_1——集水井最高水位,m;
h_1——进水管设计水位标高,m;
h_2——格栅水头损失,m,一般采用 0.08~0.15m。
设计中取地面标高为 100m,$h_1 = 98$m,$h_2 = 0.1$m

$$H_1 = 98-0.1 = 97.9 \text{m}$$

2. 集水井最低水位

$$H_2 = H_1 - h_3$$

式中 H_2——集水井最低水位,m;
h_3——有效水深,m,一般采用 1.5~2.5m。
设计中取 $h_3 = 2.0$m

$$H_2 = 97.9-2.0 = 95.9 \text{m}$$

3. 集水井平面面积

$$A = V/H_2$$

式中 A——集水井平面面积,m²;
V——集水井有效容积,m³,一般采用最大一台水泵 5min 的出水量。
设计中取 $V = 75$m³

$$A = 75/2 = 37.5 \text{m}^2$$

取集水井的平面尺寸为 13.5m×2.8m。

4. 集水井底部标高

$$H_3 = H_2 - h_4 - h_5$$

式中 H_3——集水井底部标高,m;
h_4——吸水喇叭口与集水井最低水位的距离,m,一般采用 0.4~1.2m;
h_5——吸水喇叭口与集水井底部的距离,m,$h_5 = 0.4$~$0.8D$,D 为吸水喇叭口下部直径(m)。
设计中取 $h_4 = 0.4$m,$h_5 = 0.8 \times 0.7 = 0.56$m。

$$H_3 = 95.9-0.4-0.56 = 94.94 \text{m}$$

5. 集水井总高度

$$H_5 = H_1 - H_3 + H_4$$

式中 H_5——集水井总高度,m;

H_4——集水井超高，m，一般采用地面标高与最高水位标高之差。

$$H_5 = 97.9 - 94.94 + 2.0 = 4.96\text{m}$$

7.4 泵站的附属设施计算

7.4.1 格栅计算

1. 格栅间隙数

$$n = \frac{Q\sqrt{\sin\alpha}}{bhvN}$$

式中 n——格栅最大间隙数，个；
　　Q——设计流量，m³/s；
　　α——格栅倾角，°；
　　b——栅条间隙，m；
　　h——栅前水深，m；
　　v——过栅流速，m/s；
　　N——格栅数，个。

设计中取 $\alpha = 70°, b = 0.02\text{m}, v = 0.8\text{m/s}, h = 1.0\text{m}, N = 2$ 个

$$n = \frac{0.996 \times \sqrt{\sin 70}}{0.02 \times 1.0 \times 0.8 \times 2} = 29.2 \text{ 个} \quad \text{取 30 个}。$$

2. 栅槽宽度

$$B = S(n-1) + bn$$

式中 B——栅槽宽度，m；
　　S——栅条宽度，m，一般采用 0.005~0.01m。

设计中取 $S = 0.005\text{m}$

$$B = 0.005(30-1) + 0.02 \times 30 = 0.745\text{m}$$

3. 通过格栅的水头损失

$$h_1 = k\xi \frac{v^2}{2g} \sin\alpha$$

式中 h_1——格栅的水头损失，m；
　　k——系数，一般采用 3；
　　ξ——阻力系数，其数值与栅条断面形状有关，设计中采用锐边栅条。

设计中取 $\xi = 2.42 \times \left(\frac{0.005}{0.02}\right)^{4/3} = 0.381$

$$h_1 = 3 \times 0.381 \times \frac{0.8^2}{2g} \times \sin 70 = 0.035\text{m}$$

格栅后自由跌落为 0.065m,则格栅的水头损失为 0.1m。

4. 格栅槽的总高度

$$H = h + h_1 + h_2$$

式中　H——格栅槽的总高度,m;

　　　h_2——格栅槽的超高,m,一般采用 0.5m。

$$H = 1.0 + 0.1 + 0.5 = 1.6\text{m}$$

5. 每日栅渣量

$$W = \frac{\overline{Q} \cdot W_1 \cdot 86400}{1000}$$

式中　W——每日栅渣量,m^3/d;

　　　$\overline{Q}$——平均流量,m^3/s;

　　　W_1——每 10^3m^3 污水的栅渣量,$\text{m}^3/10^3\text{m}^3$;一般采用 0.03~0.1$\text{m}^3/10^3\text{m}^3$ 污水。

设计中取 $W_1 = 0.05\text{m}^3/10^3\text{m}^3$ 污水

$$W = \frac{0.717 \times 0.05 \times 86400}{1000} = 3.10\text{m}^3/\text{d} > 0.2\text{m}^3/\text{d}$$

采用机械清渣、机械挤压打包后运走,格栅平面图见图 7-9。

7.4.2　其他附属设施计算

1. 水泵集水井反冲管计算

水泵运行时,集水井内可能淤积一些沉淀的污泥,影响水泵吸水管吸水性能。

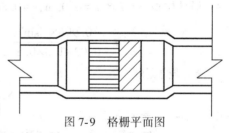

图 7-9　格栅平面图

设计中选择每台水泵压水管道上引入集水井内一条反冲管道,用来反冲洗集水井内淤积的污泥,经反冲浮起的污泥与污水一同由水泵送走。

反冲管道采用钢管,管径 DN50mm,设计流量 0.003m^3/s,管内流速 1.59m/s,水力坡度 13.7‰。反冲管出口采用 DN50mm×40mm 的渐缩管,用以增大出口流速。

2. 泵房内排水计算

水泵房内地面做成 1% 的坡度,坡向集水槽和集水坑。集水槽宽 0.2m,深 0.2m,坡向集水坑。集水坑平面尺寸 0.5m×0.5m,深 0.6m。选择一台潜污泵排水,潜污泵设计流量 5m^3/h,扬程 8m,将泵房内积水排至集水井内。

3. 泵房内通风计算

设计中选择机械通风,通风换气次数为 5~10 次/h,通风换气体积按地面以下泵房体积计算,地面以上泵房体积不计入。选择两条通风管道,通风管道采用阻燃塑料管,管径 $DN300\text{mm}$,管内流速 10.5m/s,阻力损失 $0.41‰$。通风管道进风口设在泵房底部,距离室内地面 0.5m,排风口设在室外地面之上,高于室外地面 0.4m。通风机选择两台轴流风机,设计流量 $3230\text{m}^3/\text{h}$,风压 18.3mm 水柱。

4. 起重设备计算

为方便泵房内水泵和电机的安装、维修和更换,在泵房内设置起重设备。泵房内最大设备是电机,电机重量为 880kg,设计中选择一台起重量 1500kg,起升高度 10m 的手动单梁起重机。

5. 水泵基础计算

水泵基础平面尺寸 $2.4\text{m} \times 0.95\text{m}$,总高 1.2m,基础顶面高于地面 0.2m,埋入地面下 1.0m,总重量 $6.84 \times 10^3 \text{kg}$。基础预留地脚螺孔 8 个,预埋螺栓、螺孔洞平面尺寸 $0.1\text{m} \times 0.1\text{m}$,深 0.6m。水泵基础并排布置,基础间距 1.2m,便于水泵的维修。

6. 出水井计算

水泵压水管出口接入出水井内,出水井平面尺寸 $6\text{m} \times 1.5\text{m}$,有效水深 1.5m。

7.5 排水泵房平面设计

排水泵房的位置选择,应考虑建设地区的水文地质、地形地势、供水供电、交通环境等技术条件,还应符合建设地区的城市规划、环境卫生等情况。

7.5.1 泵房平面布置

排水泵房采用合建式泵房,集水井建于泵房的一侧,水泵直接从集水井内吸水,控制间与泵房建在一处。

1. 泵房平面尺寸计算

泵房长度

$$L = NB_1 + (N+1)B_2 + B_3$$

式中　L——泵房长度,m;

N——水泵台数,台;

B_1——水泵基础宽度,m;

B_2——水泵基础间距,m,一般采用 $0.8 \sim 1.5\text{m}$;

B_3——检修通道宽度,m,一般采用 $B_3 = 1.2 \sim 1.5\text{m}$。

设计中取 $B_2 = 1.2\text{m}$,$B_3 = 1.5\text{m}$

$$L = 5 \times 0.95 + (5+1) \times 1.2 + 1.5 = 13.45\text{m}$$

泵房宽度

$$B = L_1 + L_2 + L_3 + L_4 + L_5$$

式中　B——泵房宽度，m；

　　　L_1——进水阀门宽度，m；

　　　L_2——水泵进水渐缩管长度，m；

　　　L_3——进水端检修通道宽度，m，一般采用 $0.5 \sim 1.2$m；

　　　L_4——水泵基础长度，m；

　　　L_5——出水端检修通道宽度，m，一般采用 $L_5 \geq L_4 + 1.0$。

设计中取 $L_3 = 1.0$m

$$B = 0.54 + 0.8 + 1.0 + 2.2 + (2.2 + 1.0) = 7.74 \text{m}$$

2. 水泵基础平面布置

水泵基础采用长 2.40m，宽 0.95m，高 1.2m 的混凝土基础，顶面高于地面 0.2m，埋入地面下 1.0m。基础单排布置，间距 1.2m。水泵基础在靠近墙壁的一侧留有检修通道，宽度 1.5m。

3. 通风布置

泵房内通风选择两台轴流风机，设计流量 $3230\text{m}^3/\text{h}$，风压 $18.3\text{mmH}_2\text{O}$，轴流风机布置在泵房两侧墙壁上，通过 $DN300$mm 的通风管道将室内气体送至室外。

7.5.2　管道平面布置

1. 水泵吸水管和压水管布置

每台水泵设计中采用一条吸水管和一条压水管，单进单出，每台水泵分别将污水送入出水井内。水泵的吸水管采用钢管，管径 $DN500$mm，吸水喇叭口直径 $DN750$mm，吸水管的渐缩管采用偏心渐缩管，吸水管水平段具有向水泵方向上升 5‰的坡度，便于排除吸入管内的空气。水泵的压水管采用钢管，管径 $DN500$mm，压水管水平段具有向出水井方向上升 5‰的坡度，将管内的空气赶出，压水管上设有阀门，止回阀、压力表等。

2. 管道支架布置

泵房内沿地面敷设的管道或阀门下设支墩，沿墙壁架空的管道设支架，管道接近屋顶敷设时设吊架，所有支墩、支架和吊架的间距小于 2m，管道需固定牢固，不得振动。

3. 管墙套管

管道穿过泵房墙壁和集水井池壁时设穿墙防水套管，防水套管与墙壁垂直安装，水泵管道与防水套管间用止水材料堵塞，两端采用石棉水泥密封，防止渗水。

排水泵房剖面图见图 7-10，排水泵房平面布置图见图 7-11。

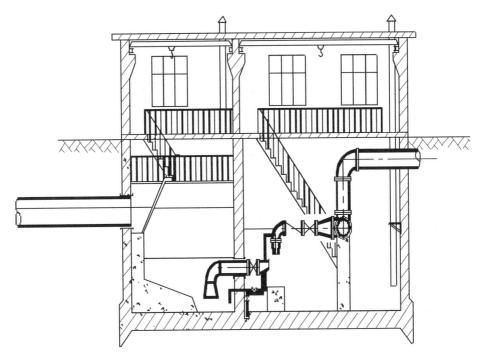

图 7-10　排水泵房布置图

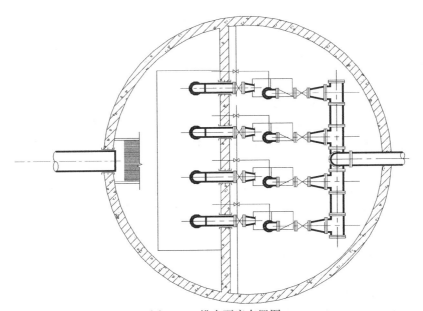

图 7-11　排水泵房布置图

第8章 技术经济评价

8.1 建设项目投资估算

投资估算是项目决策的重要依据之一。在整个投资决策过程中,要对建设工程造价进行估算,在此基础上研究工程项目是否建设。投资估算要保证必要的准确性,如果误差太大,必将导致决策的失误。因此,准确、全面地估算建设项目的工程造价,是项目可行性研究乃至整个建设项目投资决策阶段造价编制工作的重要任务。

8.1.1 投资估算的内容

从体现建设项目投资规模的角度,根据工程造价的构成,建设项目投资估算包括固定资产投资和铺底流动资金。

固定资产投资估算的内容按照费用的性质划分,包括建筑工程费用、安装工程费用、设备及工程器具购置费、备品备件购置费等组成第一部分费用。工程建设其他费用,如建设单位管理费、生产职工培训费、办公和生活家具购置费、联合试运行费、项目前期工作费、环境评价费、工程保险费、竣工图编制费、设计费、预算费、勘察测量费、工程管理费、招标服务费等组成第二部分费用。其他还有预备费(分为基本预备费和涨价预备费)、建设期贷款利息、固定资产投资方向调节税、流动资金等。以上全部费用构成了固定资产的动态投资,除了涨价预备费、建设期贷款利息、固定资产投资方向调节税之外,上述其他费用构成了固定资产的静态投资。

铺底流动资金是建设项目投资估算的一部分。它是项目投产后所需的流动资金的30%。根据国家现行规定要求,新建、扩建和技术改造项目,必须将项目建成投产后所需的铺底流动资金列入投资计划。

8.1.2 投资估算的编制方法

1. 静态投资估算

在给水排水工程中设备购置费用在投资估算中占有较大的比例。在项目可行性研究中,对工程情况不完全了解,不可能将所有设备开出清单,但辅助设备与主要的设备费用之间存在着一定的比例关系。与此相同,设备安装费与设备购置费用之间也有一定的比例关系。因此,在主体设备或类似工程的投资情况有一定了解的情况下,往往可以采用生产能力指数法估算投资。

配水管网工程的造价估算。配水管网的工程内容比较简单,配水系统方案一经确定,管道的管径及长度就能确定下来了。管道的埋深在北方地区要考虑冻土深度,而南方地区只要考虑管道覆土深度要求即可,阀门及井的数量可根据常规估算出来。有了以上数据,可采用概算指标法比较准确地估算出配水管网的工程造价。

本节后面的实例就是一个用概算指标法编制的投资估算。

总之,静态投资的估算并没有固定的公式,在实际工作中,只要有了项目组成部分的费用数据,就可以考虑用各种方法来估算。需要指出的是这里所说的虽然是静态投资,但它也是有一定时间性的,应该统一按某一确定的时间来计算。特别是遇到编制时间距开工时间较远的项目,一定要以开工前一年为基准年,按照近年的价格指数将编制年的静态投资进行适当地调整,否则就会失去基准作用,影响投资估算的准确性。

2. 动态投资的估算

动态投资主要包括价格变动可能增加的投资额、建设期利息和固定资产投资方向调节税等三部分内容,如果是涉外项目,还应该计算汇率的影响。动态投资的估算应以基准年静态投资的资金使用计划额为基础来计算以上各种变动因素,而不是以编制年的静态投资为基础计算。

对于价格变动可能增加的投资额,既价差预备费的估算可按国家或部门(行业)的具体规定执行,一般按下式计算:

$$V = \sum K_t [(1 + I)^t - 1]$$

式中　V——价差预备费,万元;

　　　K_t——建设期中第 t 年度的投资使用计划额,万元;

　　　I——年价格变动率,%;

　　　t——建设期年份数,年。

上式中的年度投资使用计划额 K_t 可由建设项目资金使用计划表中得出,年价格变动率可根据工程造价指数信息的累计分析得出。

对建设期贷款利息进行估算时,应按借款条件不同而分别计算。为简化计算,假定借款发生当年均在年中支用,按半年计息,其后年份按全年计息,在考虑资金时间价值的情况下,一般按下式计算建设期贷款利息。

建设期每年应计利息=(年初借款累计+当年借款额/2)×年利率

3. 流动资金的估算

这里指的流动资金是指项目建成投产后,为保证正常生产所必须的周转资金。

一般采用扩大指数估算法,即可参照同类生产企业流动资金占销售收入、经营成本、固定资本投资的比率,以及单位产量占用流动资金的比率来确定。

8.1.3 投资估算编制实例

工程概况:C 市位于我国华北地区,其给水工程的设计规模 10 万 m^3/d,工程内容包括岸边式取水构筑物、送水泵房及配水管网,按概算指标法做出的该工程总估算表和各单项工程估算表。

8.2 经济评价

建设项目经济评价包括财务评价和国民经济评价。财务评价是在国家现行税务制度和价格体系的条件下,计算项目范围内的效益和费用,分析项目的盈利能力、清偿能力,以考察项目在财务上的可行性。国民经济评价是在合理配置国家资源的前提下,从国家整体的角度分析计算项目对国民经济的净贡献,以考察项目的经济合理性。

8.2.1 财务评价

建设项目财务评价的主要方法是静态计算和动态计算相结合,对相关的基础数据进行分析、计算和整理,最终得到结论性的数据,这种数据就是财务评价指标。将具体建设项目的指标与国家或部门规定的基准参数进行比较,从财务角度衡量建设项目的可行性。

基础数据通常归纳为 8 个基本财务报表。即总成本费用估算表、损益表、流动资金估算表、借款还本付息计算表、资金来源与运用表、资产负债表、现金流量表(全部投资)、现金流量表(自有资金)和敏感性分析表。通过这些报表可直接或间接求得财务评价指标,并可进一步进行财务盈利性分析、清偿能力分析、资金构成分析、敏感性分析和其他比率分析。主要财务评价指标是财务内部收益率、财务净现值、投资回收期、借款偿还期、投资利润率和投资利税率。

1. 总成本费用

总成本费用是指项目在一定时期内(一般为一年)为生产和销售产品而花费的全部成本和费用。

$$总成本费用=生产成本+销售费用+管理费用+财务费用$$

生产成本包括各项直接支出(直接材料、直接工资和其他直接支出)及制造费用。

管理费用是指企业行政管理部门为管理和组织经营活动发生的各项费用,包括管理人员工资和福利费、折旧费、修理费、维护费、无形及递延资产摊销费及其他管理费用。

财务费用是指为筹集资金而发生的各项费用,包括生产经营期间发生的利息净支出及其他财务费用。

销售费用是指在销售产品和提供劳务而发生的各项费用,包括销售部门人员工资、职工福利费及其他销售费用。

给水项目的产品是自来水,产品成本估算通常采用"要素成本估算法"。此方法是参照国内给水行业的生产费用要素和现行吨水单位成本进行估算的。财务评价需要计算项目寿命期内为生产产品而花费的全部费用,并且逐年计算。成本要素及计算方法如下:

(1) 电费=年耗电量×电费单价

(2) 药剂费 = $\sum$(药剂用量 × 药剂费单价)

(3) 水资源费=年取水量×水资源费单价

(4) 工资及福利费=职工定员×职工每年的平均工资福利费

(5) 年折旧费=(可提折旧固定资产+建设期贷款利息)×折旧提存率

(6) 修理费=(可提折旧固定资产+建设期贷款利息)×大修提存率

(7) 检修维护费=可提折旧固定资产×综合费率

(8) 摊销费=无形及递延资产×摊销费率

(9) 其他费用=(1~8之和)×综合费率

(10) 利息=长期贷款利息+流动资金贷款利息

(11) 总成本=以上所有费用之和

在经济评价中还经常提到经营成本、可变成本和固定成本。经营成本是指项目总成本扣除固定资本折旧、无形及递延资产摊销费和利息支出以后的全部费用。可变成本是指在总成本费用中,随供水量增减而成比例地增减的费用部分,如生产用的原材料、动力费和药剂费等费用一般都属于可变成本。固定成本是指与供水量多少无关的费用部分,如固定资产折旧费、摊销费、管理费用等。可变成本与固定成本之和为总成本。

2. 水价预测

给水工程预测理论水价一般采用年成本法,其计算要点是把建设项目服务年限内的所有投资支出,按设定的收益率换算为等值的等额年成本与等额年经营成本相加,求出等额年总成本,乘以销售水量的倒数即得出理论水价。

预测理论水价公式:

$$d = AC/\sum Q$$
$$AC = P(A/P, i, n) + A$$
$$(A/P, i, n) = i(1+i)^n/[(1+i)^n - 1]$$

式中　　AC——等额年总成本,万元;
　　　　P——建设总投资,万元;
　　　　A——年经营成本,万元;
　$(A/P,i,n)$——资金回收系数;
　　　　i——设定的内部收益率,%;
　　　　n——项目寿命期(项目计算期),年;
　　　$\sum Q$——销售水量,万 m³;
　　　　d——理论水价,元/m³。

用此种方法预测水价,使现金流量表中求适合项目贴现率非常方便,不须多次试算,往往只以设定的内部收益率为基础,上下调 1~2 个百分点即可。并且采用理论水价求出的内部收益率通常接近基准收益率。

方案动态经济比较也常采用年最小成本法比较:

$$AC = P\frac{i(1+i)^n}{(1+i)^n - 1} + A$$

【例题】　我国华北地区 C 市新建一项给水工程(未包括水厂),设计规模 10 万 m³/d,工程总投资为 3688.97 万元,年经营成本为 428.54 万元,日变化系数 K_d =1.2,项目计算期为 20 年,供水产销差为 16.2%,行业基准收益率为 6%。
计算结果:
(1)计算年销售水量

$$\sum Q = (1-\eta) \times Q \times 365 \div K_d = (1-16.2\%) \times 10 \times 365 \div 1.2$$
$$= 2549 \text{ 万 m}^3$$

(2)资金回收系数

$$(A/P,i,n) = i \times (1+i)^n \div [(1+i)^n - 1]$$
$$= 0.06 \times (1+0.06)^{20} \div [(1+0.06)^{20} - 1]$$
$$= 0.08718$$

(3)建设总投资 P = 3688.97 万元
(4)年经营成本 A = 428.54 万元
(5)理论水价

$$d = AC/\sum Q = [P(A/P,i,n) + A]/\sum Q$$
$$= [3688.97 \times 0.08718 + 428.54] \div 2549$$
$$= 0.29 \text{ 元/m}^3$$

8.2.2　财务评价指标

建设项目财务评价指标是为评价项目财务经济效果而设定的,可通过相应的基本计算报表直接或间接获得。

1. 财务净现值(FNPV)

财务净现值是反映项目在计算期内获利能力的动态评价指标。一个项目的财务净现值是指项目按基准收益率或设定的折现率(当未制定基准收益率时),将各年的净现金流量折现到建设起点(建设初期)的现值之和。亦即项目全部收益现值减去全部支出现值的差额,其表达式为:

$$\text{FNPV} = \sum (CI - CO)_t (1 + i_c)^{-t}$$

式中　　CI——现金流入量,万元;

　　　　CO——现金流出量,万元;

　　$(CI-CO)_t$——第 t 年净现金流量,万元;

　　　　t——计算期,年;

　　　　i_c——基准收益率或设定的收益率,%。

财务净现值大于零,表明项目的获利能力超过了基准收益率或设定的收益率的获利水平;财务净现值小于零,表明项目的获利能力达不到基准收益率或设定的收益率水平。

2. 财务内部收益率(FIRR)

财务内部收益率反映项目获利能力常用的动态评价指标,是指项目在计算期内,各年净现金流量的现值累计等于零时的折现率。其表达式为:

$$\text{FNPV} = \sum (CI - CO)_t (1 + \text{FIRR})^{-t} = 0$$

式中　　CI——现金流入量,万元;

　　　　CO——现金流出量,万元;

　　$(CI-CO)_t$——第 t 年净现金流量,万元;

　　　　t——计算期,年;

　　　　FIRR——内部收益率,%。

财务内部收益率可根据财务现金流量表中净现金流量用试差法计算求得。在财务评价中,求出的财务内部收益率应与部门或行业的基准收益率比较,一般内部收益率大于、等于行业的基准收益率或者高于贷款利率则认为项目在财务上是可行的。

3. 静态全部投资回收期

静态全部投资回收期(投资返本年限)是反映项目真实清偿能力的重要指标。它是指通过项目的净收益(包括利润和折旧)来回收总投资(包括固定资产和流动资金)所需要的时间。投资回收期一般从建设期开始年算起,也可以从投产开始年算起。使用这个指标时应注明起算时间,以免产生误解。静态投资回收期的表达式为:

$$\sum (CI - CO)_t = 0$$

投资回收期可根据财务现金流量表(全部投资)中累计净现金流量计算求得。其详细公式为：

投资回收期(P_t) = (累计净现金流量开始出现正值年份数) - 1 +

(上年累计净现金流量的绝对值/当年净现金流量)

将求出的投资回收期与部门或行业的基准投资回收期(P_c)比较，当$P_t \leq P_c$时，则认为项目在财务上是可行的。投资回收期是评价项目资金回收能力的一个财务指标，不能评价项目计算期内的总收益和获利能力。故在使用这个指标进行方案选择和项目排队时，必须与其他指标(如财务内部收益率或财务净现值)合并使用。否则，可能导致错误的结论。

4. 动态全部投资回收期

动态全部投资回收期是按现值法计算的投资回收期，它与静态投资回收期的区别在于考虑了资金的时间因素，是利用基准收益率或设定的折现率折算的净现金流量为计算依据，可利用财务现金流量表(全部投资)计算动态全部投资回收期，其计算公式为：

动态投资回收期 = (累计财务净现值开始出现正值年份数) - 1 +

(上年累计财务净现值的绝对值/当年财务净现值)

动态投资回收期的作用与静态投资回收期一样，但在投资回收期较长或折现率较大的情况下，两种方法计算的结果差异较大，动态投资回收期常常偏长。

5. 投资利润率

投资利润率是指项目达到设计生产能力后的一个正常生产年份的利润总额与项目总投资的比率，它是考察项目单位投资盈利能力的静态指标。对生产期内各年的利润总额变化幅度较大的项目，应计算生产期平均利润总额与项目总投资的比率。其计算公式为：

投资利润率 = 年利润总额或年平均利税总额/项目总投资 × 100%

投资利润率可根据损益表中的有关数据计算求得。在财务评价中，将投资利润率与行业平均投资利润率对比，以判别项目单位投资盈利能力是否达到本行业的平均水平。

6. 投资利税率

投资利税率是指项目达到设计生产能力后的一个正常生产年份的利税总额或项目生产期内的年平均利税总额与项目总投资的比率。其计算公式为：

投资利税率 = 年利税总额或年平均利税总额/项目总投资 × 100%

投资利税率可根据损益表中的有关数据计算求得。在财务评价中，将投资利税率与行业平均投资利税率对比，以判别项目单位投资对国家积累的贡献水平是否达到本行业的平均水平。

7. 借款偿还期

借款偿还期可由借款还本付息计算表直接推算,以年表示。其计算公式为:

借款偿还期＝借款偿还后开始出现盈余年份数−开始借款年份＋
当年借款额／当年可用于还款的资金额

8.2.3 不确定性分析

工程项目经济评价所采用的数据,除来源于现行的切合实际的资料外,一部分来自预测和估算,有一定程度的不确定性。比如水价预测是在事先设定内部收益率的条件下进行的。因此,理论水价与实际水价存在差异。为了分析不确定因素对经济评价指标的影响,需进行不确定性分析,估计项目可能承担的风险,确定项目在经济上的可靠性。不确定性分析包括敏感性分析和盈亏平衡分析。

1. 敏感性分析

敏感性分析是通过分析、预测项目主要因素发生变化时对经济评价指标的影响,从中找出敏感因素,并确定其影响程度以预测项目承担的风险。在项目计算期内可能发生变化的因素有产品产量、产品价格、产品成本、固定资产投资等。给水项目通常采用单因素的财务敏感性分析,单因素的敏感性分析是指在分析过程中每次只变动一个因素,而其他因素保持不变。

单因素分析的方法是将因素的变化用相对值表示。相对值是使每个因素都从其原始取值变动一个幅度,例如±5％,±10％,±15％等,计算每次变动对经济评价指标的影响。如果变化的幅度小,则表明项目经济效益对该因素不敏感,承担的风险不大。通过敏感性分析可以区别敏感性大或敏感性小的方案,在经济效益相似的情况下,选择敏感性小的方案。

2. 盈亏平衡分析

盈亏平衡分析是在一定的市场、生产能力的条件下,研究拟建项目成本与收益的平衡关系的方法,项目的盈利和亏损有个转折点称为盈亏平衡点。在这一点上,销售收入等于生产成本,项目刚好盈亏平衡。盈亏平衡分析就是要找出盈亏平衡点,盈亏平衡点越低,项目盈利的可能性就越大,造成亏损的可能性就越小,项目承担的风险就越小。

盈亏平衡点可根据正常年份的销售水量、可变成本、固定成本、销售水价和销售税金等数据计算,用生产能力利用率或产量等表示。其计算公式为:

盈亏平衡(以生产能力利用率表示的)＝年固定总成本／(年销售收入−
年可变总成本−年销售税金及附加)×100％

盈亏平衡(以产量表示的)＝设计生产能力×生产能力利用率

8.2.4 国民经济评价

项目的效益是指项目对国民经济所作的贡献,分为直接效益和间接效益。直接效益是指由项目产出物产生并在项目范围内计算的经济效益。一般表现为增加该产出物数量满足国内需求的效益;替代其他相同或类似企业的产出物,使被替代企业减产以减少国家有用资源消耗的效益;增加出口所增收的国家外汇等。

间接效益是指由项目引起而在直接效益中未得到反映的那部分费用。

国家对项目的补贴,项目向国家交纳的税金,由于并不发生实际资源的增加和消耗,而是国民经济内部的"转移支付",因此不计为项目的效益和费用。

与项目相关的间接效益和间接费用通称为外部效果。外部效果通常较难计量,为了减少计量上的困难,可以通过扩大项目范围和调整价格两种方法将外部效果内部化,使外部费用和效益转化为直接费用和效益。对于实在难以计量的外部效果可作定性描述。

城市给水工程的效益可分为两类,一是城市供水机构或部门内部的直接效益;二是非城市供水项目执行机构或部门受益的间接效益,如供水能力扩大、供水质量改善对提高工业部门的产值、利润的影响,减少受益地区人民的疾病,提高健康水平,美化环境以及对改善投资环境吸引投资方面的贡献。

8.2.5 经济评价编制实例

1. 工程概况

我国华北地区 C 市供水工程,工程设计规模为 12 万 m^3/d,工程总投资为 17155.38 万元。其中:工程静态投资为 15926.68 万元,建设期贷款利息为 807.30 万元,铺底流动资金为 421.40 万元。主要工程内容有:水源工程、输水管道、净水厂、配水管网等工程。

2. 基本数据

(1)固定资产投资构成

固定资产投资构成详见投资估算表(略)。

(2)实施进度及计算期

本项目拟三年建成,第四年开始投入生产,生产期按 20 年计算,整个计算期为 23 年。

(3)资金来源

①补　　助:4000.00 万元

②贷　　款:6000.00 万元

③地方自筹:7155.38 万元

投资分年使用计划详见表 8-1。

投资分年使用计划　　单位:万元　　　　　　　　　表8-1

项目＼年份	2000年	2001年	2002年	2003年	合计
固定资产投资					
1. 补助	1500.00	1500.00	1000.00		4000.00
2. 贷款	2000.00	2000.00	2000.00		6000.00
3. 地方自筹	2080.00	2080.00	2573.98		6733.98
小计	5580.00	5580.00	5573.98		16733.98
铺底流动资金				421.40	421.40
合计	5580.00	5580.00	5573.98	421.40	2810.29

(4) 流动资金来源及分年使用计划

流动资金周转天数按90天计算。

流动资金总额=(年经营成本÷360)×流动资金周转天数=1404.65万元

企业自有流动资金率为30%,自有流动资金总额为421.40万元,银行贷款为983.25万元,年利率为5.85%,在投产第一年投入使用。

(5) 企业定员及工资总额

企业定员为199人,人均年工资及职工福利费按6000.00元计,年工资总额为119.40万元。

3. 财务评价

(1) 生产成本估算

总成本估算详见附录表8-1。

成本估算说明如下:

①固定资产折旧费按综合折旧率的4.4%计取。

②修理费按2.2%计取。

③检修维护费按0.5%计取。

④无形及递延资产合计为215.50万元,按10年摊销,年摊销费为21.5万元。

⑤水资源费按0.69元/吨计算。

4. 销售收入

根据《建设项目经济评价方法与参数》有关财务内部收益率、投资回收期、投资利润率及投资利税率的要求,综合确定售水价格为2.10元/m³,依此价格计算评价基本报表。

5. 财务评价指标

各项财务评价指标计算分别详见附录表8-2～表8-5,由基本报表计算出的财务评价指标如下:

所得税前财务内部收益率:12.14%
所得税前财务净现值($I=6\%$):10600.09 万元
所得税前静态投资回收期:9.81 年
所得税前动态投资回收期:11.44 年
财务内部收益率:9.06%
财务净现值($I=6\%$):4947.70 万元
静态投资回收期:11.64 年
动态投资回收期:14.33 年
投资利润率:11.39%
投资利税率:14.12%
贷款偿还期:6.26 年

通过以上评价指标可以看出,该项目财务内部收益率大于本行业基准收益率的6.00%,说明盈利能力满足了本行业最低要求,当 $I=6.00\%$ 时,财务净现值为4947.70万元,大于零。因此,该项目在财务上是可以考虑接受的。

6. 盈亏平衡分析

盈亏平衡点(以生产能力表示的)= 年固定总成本÷(年销售收入-年可变成本
　　　　　　　　　　　　　　　　-年税金)×100%=51.38%

盈亏平衡点(以产量表示的)= 4380.00×51.38%=2250.44 万 m^3

计算结果表明,该项目只要达到设计能力的51.38%时,也就是年产量达到2250.44万 m^3 时,企业就可以保本。由此可见,该项目盈亏平衡点比较低,抗风险能力较强。

7. 敏感性分析

该项目基本方案财务内部收益率为9.06%,投资回收期为11.64年(包括建设期3年),均满足本行业基准值的要求,考虑到项目在实施过程中的一些不确定因素的变化,分别对销售收入,固定资本投资,经营成本等因素降低或提高5%、10%、15%、20%时的单独因素变化,对全部投资财务内部收益率和投资回收期影响的敏感性分析。

敏感性分析详见表8-2。

8. 结论

根据对该项目的技术经济分析表明,该项目财务评价各项指标较好,财务内部收益率为9.06%,大于本行业基准收益率6.00%,在折现率为6.00%时,财务净现值为4947.70万元,投资回收期为11.64年(包括建设期3年),不确定分析具有较强的抗风险能力。

由于该项目费用与效益比较直观,不涉及进口平衡问题,财务评价的结果能满足决策的需要,根据《关于建设项目经济评价工作的若干规定》第三条,不再进行国民经济评价。

敏感性分析　　　　　　　　　　　　　　　表 8-2

项目名称	-20%	-15%	-10%	-5%	基本方案	5%	10%	15%	20%
一、销售收入变化									
1. 财务内部收益率	-0.67%	1.76%	4.20%	6.63%	9.06%	11.22%	13.38%	15.54%	17.70%
2. 投资回收期（年）	24.38	20.47	17.56	14.25	11.64	10.19	9.23	8.06	7.28
二、投资变化									
1. 财务内部收益率	11.72%	11.06%	10.39%	9.73%	9.06%	8.56%	8.07%	7.57%	7.07%
2. 投资回收期（年）	10.30	10.25	10.71	10.91	11.64	11.61	12.15	12.40	13.26
三、经营成本变化									
1. 财务内部收益率	14.83%	13.39%	11.95%	10.50%	9.06%	7.24%	5.41%	3.59%	1.76%
2. 投资回收期（年）	8.48	8.93	9.82	10.47	11.64	13.90	16.85	19.39	22.88

8.3 方案比较

方案比较是工程项目可行性研究报告中的重要组成部分，由于给水工程地区性强，分布面广，涉及的内容比较多。因此，一项给水工程中可能有多个方案在技术上是可行的，但技术上可行的方案不一定是最佳的，不能单凭设计方案在技术方面是否完善作为权衡取舍的惟一标准，只有在技术上可行经济上合理的方案才是最佳方案。这就要求我们在工程项目可行性研究阶段，初步设计阶段，对多个方案在工程技术、初始建设总费用及投产后全寿命期内的生产经营管理总费用进行综合评价，通过分析比较优选，达到使建设项目在技术上合理、综合费用节省、效益最佳的目的。

8.3.1 供水水源方案的比较

水源地的选择是给水工程中的重中之重，要密切结合城市远近期规划和工业总体布局要求，从整个给水系统的安全和经济来考虑。在进行水源地的选择时，要根据当地的水文地质、工程地质、地形、卫生、施工等方面的条件，对有可能作为供水水源的区域进行全面的调查研究，从中优选出在技术上可行的方案进行技术经济比较,最后选出在技术上可行经济上合理的方案为该工程的供水水源。

给水水源可分为两大类:地下水源和地表水源。当地下水源比较丰富,应优先选用地下水作为供水水源,因为地下水源取水条件及取水构筑物构造简单,便于施工和运行管理,当水质不符合要求时,水处理工艺也比地表水简单,故处理构筑物投资和运行费用也比较省。地表水源水量充沛,常能满足大量用水的需要。因此,城镇、工业企业常利用地表水作为给水水源。在一个地区或城市,两种水源的开采和利用有时是相辅相成的,对于用水量大、工业用水量所占比例大、自然条件复杂以及水资源不丰富地区或城市尤需重视。采用地下水源与地表水源相结合、集中与分散相结合的多水源供水以及分质供水不仅能够发挥各类水源的优点,而且对于降低给水系统投资、提高给水系统工作可靠性有重大作用。

如某城市新建供水工程设计规模为 90 万 m^3/d,可利用的水资源按地域划分包括区内及区外水资源两部分,区内主要水资源包括:南源河水、市区地下水;区外主要水资源包括:西山水库、桃安河谷地下水、拟建红兴水库、庆山水库。通过对区内外水资源的水质水量评价可知:

南源河水源地河段水体污染严重,水中有机污染物达到 178 种,其中具有"三致"作用的主要有机毒物 38 种。经现有水厂工艺处理出厂水中有机污染物的种类和含量与河水基本相同。高锰酸钾及其与粉末活性炭联用的除污染工艺,仅使水中的有机污染物削减 50% 左右。水源水中耗氧量、五日生化需氧量超出了《生活饮用水水质卫生规范》中水源水质要求。因此,南源河已不宜作为新的生活用水水源地。

市区内地下水水资源量小,只能在可开采范围内保留地下水源 7.5 万 m^3/d,企事业单位自备井至 2010 年按规划要求全部关闭。

西山水库从长远规划考虑可以做为城市生活水源,但供水量仅为 30 万 m^3/d,且尚需进行水库汇水流域环境治理,消除放射性污染源、林丹污染源等工作,减轻有机物及氮、磷污染,使水库水质达到作为城市生活水源的水质标准。

桃安河谷地下水 B+C 级允许开采量仅为 15.6 万 m^3/d,近期不具备大规模开发建设条件,可作为该市的后备水源。

拟建红兴水库可满足年供水量 3.25 亿 m^3,水库水质尚好。但该水库为平原水库,水质难以控制,淹没面积大,动迁人多,费用高,加上其上游建有一座水库,对该水库产生直接影响,使其在水量调节上有很大困难。

拟建庆山水库汇水面积 1151 km^2,多年平均径流量 5.61 亿 m^3。水库校核总容量 4.43 亿 m^3,兴利库容 2.93 亿 m^3。水库建成后,向城镇供水 3.53 亿 m^3。通过地表水有机化学物质特定项目评价结果可见,坝址处基本没有受到有机化学物质污染,均能满足《地表水环境质量标准》(GB 3838—2002)中有机化学物质Ⅱ类水体及《生活饮用水水质卫生规范》中水源水质要求,可作为集中式城市生活饮用水水源。

通过对以上水资源的水质水量评价得知,近期只有拟建红兴水库和庆山水库两个水源方案能满足该市水质水量要求,可对这两个方案进行工程技术经济比较,结果见表8-3,以确定在2010年前作为新建水源向该市区供水,将其他水资源作为城区远期的后备水源。

水源方案技术经济比较表　　　　　表8-3

项　　目	庆山水库方案	红兴水库方案
优　点	1. 水质好,水源易保护,可实现分质分压供水 2. 库淹没耕地及移民少,水库兼顾有防洪及灌溉效益 3. 充分利用水源水头自流至净水厂,经常运行费用省	市区较近,输水管线投资少 库水质尚好,可实现分质分压供水
缺　点	工程量较大,基建投资较高	1. 水库为平原水库,水量调节困难,淹没面积大、移民多 2. 输水需经两次加压,电耗较高
工程投资	46.73亿元	41.67亿元
运行成本	35654万元/a	38791万元/a

根据以上技术比较,可以看出庆山水库水源在水质、防洪及灌溉效益上优于红兴水库方案,经过方案经济比较,采用初步动态比较,按年最小成本法计算,当 $n=20$ 年, $i=0.08$ 时,则资金回收系数为0.10185,等额年总成本:庆山水库方案为8.3249亿元,红兴水库方案为8.1231亿元,为此在经济比较上红兴水库方案优于庆山水库方案。经综合评价,确定近期选用建设庆山水库为该城市供水水源。

8.3.2 配水工程方案的比较

配水管网是给水系统的重要组成部分,其建设投资在给水工程中所占的比例也是比较大的,配水管网的投资一般占总投资的40%～60%。因此,对管网的优化设计尤为重要。管网问题是很复杂的,管网布置、调节水池容积、泵站工作情况、管材的选用等都会影响技术经济指标。

在管网的运行费用中主要是供水所需的动力费用,动力费用是随泵站的流量和扬程而定,扬程则决定于控制点要求的最小服务水头,以及输水管和配水管的水头损失等。水头损失又和管段长度、管径、流量有关。管网定线后,管段长度即已确定,因此,管网的建设投资和运行费用决定于流量和管径。

为使管网水压不超出水管道所能承受的压力,以及减少日常运行费用,可采用分区分压供水。分区分压供水一般是根据城市的地形特点将整个给水系统按不同高程分成几区,每个区有独立的泵站和管网等,但各区之间有适当的联系,以保证供水可靠和调度灵活。这样从技术上使管网的水压不超过管道可以承受的压力,以免损坏管道和附件,并可减少漏水量,从经济上可以降低供水运行费用。但管网分区后,将增加管网系统的造价,因此必需进行技术上和经济上的比较。在经济上采用静态方案比较,一般为管网造价加上十年运行费用进行比较,如果所节约的运行费用多于所增加的造价,则可考虑分区供水。

管网工程中管材的选择对管网造价有着很大的影响。在选择管材时应根据地形条件、管网压力及当地的材料价格进行多管材比选。一般适合用于配水管网的管材有:钢管、球墨铸铁管、预应力钢筋混凝土管、钢筒预应力混凝土管、玻璃钢管、塑料管等,各种管材都有其本身的优点和缺点。在工程设计时,要根据工程实际情况,选择在技术上可行经济上合理的管材。

第9章 规程与法规专篇设计

9.1 环境保护

9.1.1 环境质量现状

对建设地区环境质量现状进行调查和描述,一般主要指地表水、环境空气和声学环境质量现状。对于依托原有企业改扩建的项目,还要调查、描述原有污染源及治理达标情况,一般包括废水、废气、噪声和固体废弃物的污染及治理情况。

在工程建设和运行过程中,污染环境和导致质量恶化的污染源及主要污染因素有:

1. 废水

水厂内产生的废水主要包括生产废水以及生活污水。

2. 废气

处理厂中消毒剂大多采用液氯,氯是有毒的药剂,在运转过程中,会有微量氯气外泄。

锅炉房也是处理厂中主要的大气污染源。

在污水处理厂中,污水一级处理设施和污泥处理设施是污水处理厂产生臭气的主要来源。

3. 噪声

处理厂噪声主要来自泵房、鼓风机房、锅炉房。这几处噪声源均属点声源稳定噪声,根据实际监测,锅炉房噪声可达 85dB(A),鼓风机房噪声可达 105dB(A)。

4. 固体废弃物

处理厂的固体废弃物主要是锅炉燃煤产生的炉渣。

污水处理厂处理过程产生的栅渣、沉砂及脱水后的污泥。

9.1.2 设计依据及采用标准

环境保护设计依据国家发展计划委员会和国务院环保委 1987 年 3 月 20 日《关于颁发"建设项目环境保护设计规定"的通知》[(87)国环字第 002 号]中的有关内容和要求进行。

设计采用的主要标准:《中华人民共和国水污染防治法》、《中华人民共和国水污染防治法实施细则》、《生活饮用水卫生标准》、《生活饮用水卫生规范》(卫生部)、《地表水环境质量标准》、《污水综合排放标准》、《环境空气质量标准》、《锅炉大气污染物排放标准》、《恶臭浓度厂界标准》、《城市区域环境噪声标准》、《工业企业厂界噪声标准》、《城镇污水处理厂污染物排放标准》。

9.1.3 环境保护措施

1. 水源保护

选择城镇或工业企业给水水源时,通常都经过详细勘察和技术经济的论证,所采用的水源在水量和水质方面都能满足用户的要求。然而,由于人类生产活动及各种自然因素的影响,例如,未经处理或处理不完全的污水的大量排放;农药、化肥的大量长期使用;水土严重流失;对水体的长期超量的开采等等,常使水源出现水量降低和水质恶化的现象。水源一旦出现水量衰减和水质恶化现象后,就很难在短期内恢复。因此,需事先采取保护水源、防止水源枯竭和被污染的措施。

设计和使用水源时,应遵照我国《生活饮用水卫生标准》的规定,进行水源的卫生防护。

(1)地下水源的卫生防护

1)取水构筑物的卫生防护范围主要取决于水文地质条件,取水构筑物的形式和附近地区的卫生状况。如覆盖层较厚、附近地区卫生状况较好时,防护范围可以适当减小。一般,在生产区外围不小于10m的范围内不得设立生活居住区、禽畜饲养场、渗水厕所、渗水坑;不得堆放垃圾、粪便、废渣或铺设污水渠道;应保持良好的卫生状况,并充分绿化。

2)为了防止取水构筑物周围含水层的污染,在单井或井群的影响半径范围内不得使用工业废水或生活污水灌溉和施用有持久性或剧毒的农药,不得修建渗水坑、厕所、堆放废渣或铺设污水渠道,并不应从事破坏深层土层的活动。如果含水层在水井影响半径范围内不露出地面或含水层与地面没有互补关系时,含水层不易受到污染,其防护范围可适当减少。

3)地下水回灌时,回灌水质应严加控制,其水质应以不使当地地下水质变坏,并不得低于饮用水水质标准。

4)分散式给水水源的卫生防护地带,水井周围30m范围内不得设置渗水厕所、渗水坑、粪坑、垃圾堆和废渣堆等污染源,并建立卫生检查制度。

(2)地表水源的卫生防护

1)为防止取水构筑物及其附近水域受到直接污染,在取水点周围半径小于100m的水域内,不得停靠船只、游泳、捕捞和从事一切可能污染水源的活动,并应设有明显的范围标志。

2) 为防止水体受到直接污染,在河流取水点上游 1000m 至下游 100m 的水域,不得排入工业废水和生活污水;其沿岸防护范围内,不得堆放废渣、设置有害化学物品的仓库或堆栈、设立装卸垃圾、粪便及有毒物品的码头;沿岸农田不得使用工业废水或生活污水灌溉及施用有持久性或剧毒的农药,并不应从事放牧。

供生活饮用的专用水库和湖泊,应视具体情况将整个水库、湖泊及其沿岸列入防护范围的宽度,应根据地形、水文、卫生状况等具体情况确定。

受潮汐影响的河流取水点上下游及其沿岸防护范围,由供水单位会同卫生防疫站、环境卫生监测站根据具体情况研究确定。

3) 在地表水源上游 1000m 以外,排放工业废水和生活污水,应严格控制上游污染物排放量。排放污水时应符合《工业企业设计卫生标准》(GBZ 1—2002)和《地表水环境质量标准》(GB 3838—2002)的有关要求,以保证取水点的水质符合饮用水水源要求。

4) 水厂生产区的范围应明确划定并设立明显标志,在生产区外围不小于 10m 范围内不得设置生活居住区和禽畜饲养场、渗水厕所、渗水坑,不得堆放垃圾、粪便、废渣或铺设污水渠道,应保持良好的卫生状况和绿化。

单独设立的泵站、沉淀池和清水池的外围不小于 10m 的区域内,其卫生要求与水厂要求相同。

(3) 控制污染措施

1) 废水

厂区内生活污水采用化粪池简易厌氧处理后排入排水管道;生产废水的成分主要为无机物(如给水处理厂中滤池反冲洗水及沉淀池排泥废水),不含有毒有害物质,符合《污水综合排放标准》,所以厂区废水可以直接排入污水管道。

2) 大气

①为防止氯气外泄漏对水厂管理人员、处理厂周围居民的健康以及对植物和农作物产生危害,设计中应采用安全度较高的加氯系统,同时,还应在加氯间设有漏氯检测仪,并配氯气中和装置,这样可以使处理厂中所使用的氯气对大气环境的影响降低到最低程度。

②锅炉房应选在冬季主导风向的下风向,同时在煤堆周围植树绿化。锅炉及锅炉辅机的选型应符合国家标准的要求,并采用先进的除尘设备,使锅炉的烟尘排放浓度低于《锅炉大气污染物排放标准》中规定的要求。

③为消除污水处理厂对周围环境的影响,在设计上应将污水厂厂址选择在整个城市的下游,在厂区周围设置绿化带。同时在生产车间设置换气装置和除臭装置,以最大程度消除臭气对处理厂总体环境和周围环境的影响。

3) 噪声

对水泵、鼓风机产生的噪声,可以采取以下措施:

①利用声距原理降低噪声：在总体布局中增大构筑物与声源的间距，减轻邻近建筑物所受的噪声影响。

②采取隔声装置降低噪声：在安装水泵、电机、风机等设备的房间安装吸音板，降低室内噪声。设备室与值班室、操作室、控制室的隔墙、门窗进行隔音处理，以降低噪声对人体的影响。

③对设备进行减震降低噪声：在设备安装及设备与管路连接处必要时可采用减震垫或柔性接头等措施。鼓风机进风可采用地下廊道式，出口安装消音器，这些都将减小鼓风机房的噪声。

④用绿化降低噪声：厂区绿化不仅能净化空气、美化环境，而且能降低环境噪声。绿林带的声学效果由林带的密度、种植结构、树林的组成等因素决定。密植林带对高、中噪声具有较强的减噪效果。

4）固体废物

水厂冬季的燃煤炉渣可以送至砖厂制砖或作为保温材料。

污水处理系统中由沉砂池排出的沉砂经洗涤后外运，作为建筑材料或作为筑路材料加以利用；格栅截留物经压榨机压榨后运往垃圾厂处理；污泥经过脱水后，污泥滤饼与城市垃圾一起填埋。

9.2 节　　能

1. 设计依据

依据国家计委、国务院发改委办和建设部颁布的《关于固定资产投资工程项目可行性研究报告"节能篇（章）"编制及评估的规定》的要求进行设计。

2. 节能措施

在研究技术方案、设备方案和工程方案时，对能源消耗大的设备，应提出节能措施。在给水排水设计中，主要节能措施有：

（1）总体布置方案的节能措施

工艺布置上，在保证水在各构筑物之间能够顺利自流的条件下，对各构筑物之间的水头损失，包括沿程损失、局部损失及构筑物本身水头损失进行精确的计算；在水厂平面布置上力求紧凑，减少管道长度，降低水头损失。

（2）处理厂节能新技术新工艺

处理厂中耗电量大的设备主要是水泵及鼓风机，所选设备应是技术先进、高效节能产品，以确保设备经济运行。

污水处理厂中的曝气装置应采用氧的转移效率高的设备，另外可通过对曝气池溶解氧的自动监控，调整鼓风机的出风量，以大幅度节省电耗。

（3）自动化控制

处理厂中加药系统设置自控系统,加氯系统采用复合环路控制,送水泵采用变频调速控制,其他环节采用微机控制,提高工作效率。

(4)建筑保温

土建设计上采用易于保温的建筑材料,以减少冬季采暖锅炉的能耗。

9.3 消　防

消防设计主要分析项目在生产运行过程中可能存在的火灾隐患和重点消防部位,根据消防安全规范确定消防等级,采取适当的消防措施。

1. 设计依据

《建筑设计防火规范》

《建筑灭火器配置设计规范》

根据处理厂火灾危险类别以及可能波及的范围,确定采用的消防等级。

2. 消防设计

根据厂区的火灾隐患部位及采用的消防等级,提出消防设计方案。

(1)厂区布置

1)厂区主要道路为互通的环形道路,路宽满足消防要求,转弯半径6~9m,厂房之间的防火间距不小于10m。

2)根据处理厂内建筑规模确定消防水量,消防水由厂区给水管供给,消防管道需布置成环形,并按规定设置消火栓。

(2)建筑防火

1)建(构)筑物在平面布置上严格执行国家消防规范中有关规定,设定通道及出入口。对易燃易爆的甲、乙类生产设施应布置在常年主导风向下风向。

2)主要建筑物每层须设置灭火器材,在车库、变配电间及控制室内设 CO_2 手提式灭火器,并配备砂箱、水箱等消防工具。

3)有爆炸危险场所内的电气设备和线路应在布置上或在防护上采取措施,防止化学的、机械的和热的因素影响,产品应符合防腐、防潮、防晒、防雨雪、防风砂各种环境的要求,其结构应在满足电气设备的规定下,不降低防爆性能。

9.4 建设用地

处理厂厂址的确定对周围环境卫生、基建投资及运行管理有很大影响,为此设计人员应会同当地建设部门、规划部门、环保部门、水利部门等一起到现场勘察,经过分析比较后,确定水厂的位置。

1. 用地面积与城市项目建设标准中用地控制指标对比,各类占地面积的比率均应符合标准。

2. 生产区、厂(场)前区、库(场)用地面积

生产区是处理厂的主要建(构)筑物,它的用地面积直接影响处理厂的总用地面积。

3. 生活区用地面积及布局

对于中小型处理厂,可将办公室、中心控制室、化验室、食堂、单身宿舍及值班宿舍合成一个综合楼,以节省用地面积。

4. 道路、绿化面积

处理厂的道路包括主厂道、车行道和步行道。

绿化是水厂设计的一个组成部分,它是美化环境的一个重要手段。水厂绿化常由绿地、花坛、绿带、行道树等组成,绿化面积应占厂区面积 20%~30% 或以上。

9.5 抗 震

1. 设计依据

中国地震烈度区划图

《建筑抗震设计规范》

2. 抗震设计原则

贯彻执行地震工作以预防为主的方针,使建筑物经抗震设防后,减轻建筑物的地震破坏程度,避免人员伤亡,减少经济损失。

根据国家颁布的地震烈度区划图,确定工程的抗震设防烈度。

3. 抗震设防内容

选择有利抗震的地段,避开不利地段布置建(构)筑物。

选择有利抗震的结构形式及结构构件。

结构体系按设防烈度进行计算和验算。

结构体系满足相应设防烈度抗震构造要求。

9.6 劳动安全、卫生

劳动安全、卫生方案设计,是在已确定的技术方案和工程方案的基础上分析研究建设和生产过程中可能发生工伤、职业病的隐患,并提出相应的防范措施,对项目职业安全健康管理体系的建立提出相应的建议。

1. 设计的依据和执行的相关标准

《关于生产性建设项目职业安全卫生监察的暂行规定》的通知

《工业企业设计卫生标准》

《关于低压用电设备漏电保护装置》

其他设计规范与手册

2. 生产过程中职业危害因素

(1)生产过程中使用和产生的主要物质

给水处理厂主要是处理水质良好的原水,在生产过程中,需要使用一定数量的氯气消毒。

污水处理厂主要是处理城市污水,在生产过程中,生活污水会散发一定的臭味,污水处理厂的副产品——经过压滤脱水处理的栅渣和污泥,也会散发一定的臭味。另外,为了满足排放标准,污水需要投加一定数量的氯气消毒。

这些臭味和氯气对运行人员的健康是不利的。

(2)生产过程中产生噪声的生产部位和数量

处理厂产生噪声的工艺生产部位有泵房、鼓风机房、锅炉房及变配电所。这些设备的电气容量较大,在运行时会产生一定的震动和噪声。

3. 安全卫生采用的主要防范措施

在水厂的生产运行中,职工的安全生产和职业卫生十分重要,除了要求生产人员严格按卫生要求和生产操作规程办事并随时搞好环境卫生外,尚需考虑以下措施:

(1)改善运行和维护人员劳动强度

处理厂可采用自动控制系统,它由中央控制室的中心操作站和各车间的现场控制单元所组成,中央控制室集中监视管理和调度全厂的运行情况,设在各车间的现场控制单元完成各自的工艺过程和机电设备的检测和控制,同时除计算机控制外,在各车间的值班控制室设置操作台。平常采用自动控制方式操作,大大减轻运行人员劳动强度,减少体力劳动工作。

(2)工艺生产中的设备选用和必要的安全设施

1)在工艺设计中,对选用的设备要求具有性能优良、安全可靠、制作精密、节省能耗、噪声量小、便于维护等特点,以便在生产运行中保证安全。

2)对各工艺构筑物的池体,均考虑安全措施。如设置能抗冲击的金属护栏,池子边缘设防滑的踢脚台。对需要检查和清扫的池子,均设置防滑型爬梯。对池体和建筑物之间有连接的钢梯、混凝土梯等,均考虑防滑和栏杆、扶手等保护措施。

3)各生产处理构筑物走道均设置保护栏杆,栏杆高度和强度均应符合国家劳动保护规定。

4)为改善工作环境,保证生产安全,对产生污染的主要构筑物和车间采取除臭、通风换气措施。

(3)加氯间跑漏氯事故的处理

氯气有很强的刺激性和毒性。为保障加氯间生产工人的身心健康,除安装排风扇和氯中和吸收装置之外,还需配备防毒面具,作为安全生产的必备品。为保证这些安全保护设施的完好,要求运转工人按生产规程及时检查,定期维护和试运转,保持设施的良好率,确保需要时能马上投入运行,起到安全防护作用。同时要加强对值班人员的安全教育,严明生产操作规程,对加氯系统的所有设备,仪表和管道必须随时检查,发现隐患及时检修。

(4) 降低噪声影响,创造安静的工作环境

对产生噪声的各部位,均需从建筑设计、工艺设计、环境设计方面采取必要的措施,力求将噪声危害降到最低,达到国家颁布的"工业企业的生产车间和作业场所的工作噪声标准"的要求。

(5) 电气设备的安全措施

处理厂最大的电气部位是变电所和高、低压配电室。有电气设备的车间需设置各自的配电系统。

处理厂电气的安全措施将考虑以下内容:

1) 对室外变电所和厂区内较高的构筑物均设置防雷装置。
2) 对处理厂的动力电源,采用双电源以保证安全供电。
3) 对低压用电设备,均考虑设置漏电保护器。
4) 对有危害气体的车间,电气部件采用防爆型。
5) 对低压照明和检修临时用电,采用安全电压。
6) 对有特殊要求的车间,如自控系统的中心操作站及现场控制单元的微机室,采用防静电地板。
7) 对所有电气设备都考虑有足够的安全操作距离,并设置安全出口。
8) 对不同电压等级的电气设备均设标准的、容易识别和醒目的安全标志,以及设置保护网等。

(6) 制定和健全各种岗位责任制及各工序安全操作规程,操作人员要经过专业培训,厂内一切机电设备需定期维护检查。

第10章 管理机构、建设进度安排及项目招标设计

10.1 管理机构及人员编制

合理、科学地确定项目管理机构和人员编制,是保证建设项目和生产运转顺利进行、提高劳动生产率的重要条件。在可行性研究阶段,应对项目的管理机构设置、人员编制等内容进行研究,提出优化方案。

10.1.1 管理机构

根据拟建项目的特点和生产运营的需要,提出项目管理机构的设置方案。项目管理机构的总体设计应在可行性研究阶段进行,并对项目周期的不同阶段分别根据项目具体的情况进行设计,以便统一规划、协调,从而实现对项目实施过程的控制和资源的整合。

1. 项目法人的组建方案

根据拟建项目出资者的特点、《公司法》和国家有关规定的要求,确定项目法人组建方案和相适应的组织模式。

2. 管理机构组织方案

根据现代企业制度的公司治理特点和拟建项目的规模大小,研究确定项目的管理层次。根据建设和生产运营的特点和需要,设置相应的管理职能部门。

改扩建项目,应分析企业现有的组织机构、管理层次、人员构成情况,结合项目的需要,制定管理机构的设置方案。

10.1.2 人员编制

在管理机构设置方案确定后,应研究确定项目各类人员,包括生产人员、管理人员和其他人员的数量和配置方案,以满足项目建设和生产运营的需要,并为计算职工工资及福利费、劳动生产率等提供依据。

项目的人员配置是确保项目成功实施的关键。可行性研究阶段要提出项目对不同层次的管理监督人员、工程技术人员、操作工人等的需求,并编制人员定员表。在配置人员时,必须充分考虑拟建项目所在国和所在地的劳动立法、劳动条件、定

额、薪金、保险、职业安全、卫生保健和社会安全等方面的因素。

1. 人员配置的依据

国家、部门、地方有关的劳动政策、法律和规章制度；项目的建设规模与设备配备数量；项目生产工艺及运营的复杂程度与自动化水平；人员素质与劳动生产率要求；管理机构设置与生产管理制度；国内外同类项目的情况。

2. 人员配置的内容

(1) 研究制定合理的工作制度与运转班次

根据生产过程特点，提出工作时间、工作制度和工作班次方案。

(2) 研究人员配置数量

根据中华人民共和国建设部颁发的《城镇给水（污水处理）厂附属建筑和附属设备设计标准》和《城镇给水（污水）工程项目建设标准》，按照精简、高效的原则和劳动定额，提出配备各职能部门、各工作岗位所需人员的数量。改扩建项目，应根据改扩建后技术水平和自动化水平提高的情况，优化人员配置，所需人员首先由企业内部调剂解决。

处理厂的人员编制由于水厂所在公司企业和实际供水系统和采用处理工艺情况的不同，往往出入较大。随着改革的深入、工作人员效率提高、自动化程度增加以及社会协作的发展，在具体设计时还应根据实际情况作相应调整。

管理机构与人员编制是指水厂投产后的编制，筹建期与建设期不在此范围内。

【例题】 某城市给水扩建工程，工程内容包括取水泵站、输水管道、净水厂、配水管网及加压泵站，其管理机构及人员编制配置情况设计如下：

该城市给水系统的管理机构为自来水公司，在自来水公司直属下设置供水分厂，分厂主要负责净水厂、取水泵站、加压泵站等供水系统安全生产、运行管理等，管道维护管理所需管道维修人员及收费业务人员均由现在自来水公司人员内部调整。

设计只考虑工程投产后的运行管理人员，不考虑建设期的筹建人员。由于工程采用自动监控系统，自动化水平较高，因此人员编制比建设部颁发的城镇给水工程项目建设标准人员少，其供水分厂的定员和设岗情况如表10-1所示。

供水分厂定员表 表10-1

序号	名称	生产工人（人/班）	辅助工人（人/班）	管理技术人员	服务人员（人/班）	操作班次（次）	合计（人）
一	分　厂						4
1	厂　长			1			
2	总工程师			1			
3	厂　办						
4	文　秘			1			
二	生产技术科						4

续表

序 号	名 称	生产工人 (人/班)	辅助工人 (人/班)	管理技术 人　员	服务人员 (人/班)	操作班次 (次)	合 计 (人)
1	科　长		1				
2	工艺技术员		1				
3	电气技术员		1				
4	信息技术员		1				
三	计财科						3
1	科　长		1				
2	财　会		1				
3	统　计		1				
四	政工科						3
1	政　工		1				
2	培训安全岗位			1			
五	行政管理科						4
1	科　长			1			
2	总　务			1			
3	采　购				1		
4	绿化清洁工				1		
六	化验室						5
1	化验员			3			
2	化验工	2					
七	运行车间						40
1	主　任			1			1
2	净化间	2				4	8
3	药剂间	2				4	8
4	取水泵房	2				4	8
5	加压泵房	1				3	3
6	电气操作人员	1				3	3
7	中控室值班			1		3	3
8	设备维修		2				
9	管道维修工		2				
10	仪表维修工		1				
11	库料工		1				
12	总　计						63

10.2 建设进度安排

1. 确定项目进度计划的起点和终点

项目进度计划应包括前期准备阶段和实施阶段。以当时所处的前期阶段为起点，以建成投产为终点。例如某项目处于项目建议书阶段，就以项目建议书的批准为起点，将可行性研究报告的编制一直到建成投产均纳入项目的进度计划中。

2. 确定项目建设工期

建设工期所指范围是工程进度，主要包括现场准备和土建施工、设备采购与安装、生产准备、设备调试、联合试车运转、竣工验收、交付使用等阶段。

项目建设工期应结合项目建设内容、工程量大小、建设难易程度，以及施工条件等具体情况综合研究确定。

3. 编制项目进度计划表

项目建设工期确定后，应根据项目前期工程实施各阶段工作量和所需时间，对时序作出大体的安排，使各阶段工作相互衔接。编制项目进度计划表，其表格内容可随项目改变。

大型建设项目，应根据项目总工期要求，制定主体工程和主要辅助工程的建设起止时间及时序表。

【例题】 某排水工程的可行性研究报告，设计年限2010年，工程内容包括污水管道系统及处理厂两部分，建设分3年完成。工程进度安排如表10-2所示。

工程进度表　　　　　　　　　　　　　　　　表 10-2

年　度	2005 年				2006 年				2007 年			
	1	2	3	4	1	2	3	4	1	2	3	4
初步设计	—											
提出最终设备采购清单		—										
工程地质详勘		—	—									
施工图设计			—	—								
施工及设备招标				—	—							
施工准备及场地平整					—	—						
工程土建施工						—	—	—	—	—		
工程设备安装									—	—	—	
试　车												—
工程投产												—

注：表中1、2、3、4表示季度，必要时也可按月份编制。

10.3 工程招标

根据《中华人民共和国招投标法》以及"中华人民共和国国家发展计划委员会令第9号"《建设项目可行性研究报告增加招标内容以及核准招标事项暂行规定》的有关规定,建设单位应对项目的安装工程、监理、设备、重要材料的选购等本着公平、公正、公开的原则以委托招标的形式对社会进行公开招标。

【例题】 某配水管网改造工程对招标工作安排如下:

1. 招标内容

项目的勘察、监理、设备材料采购、土建及安装工程施工。

2. 招标的组织形式

项目的监理、设备材料采购、土建及安装工程施工采用委托招标形式。勘察设计采用项目单位自行招标形式。

3. 招标方式

项目的监理、设备材料采购、土建及安装工程施工采用国内公开招标方式。勘察设计采用邀请招标方式。

4. 标包划分

项目监理划分为1个标包。

材料采购可采用总包招标方式,也可采取分开招标方式。如果采用总包方式,标包划分简单,可采用1个标包;如采取分开招标方式,可按管材等采购分为3个标包:球墨铸铁管及管件1个标包、阀门类及伸缩器1个标包、测流测压仪表1个标包。

配水管道安装可划分为1个标包,也可按相对独立的具体路线再做划分。

10.4 水质检验

1. 水质的检验方法

水质的检验方法,应按《生活饮用水标准检验法》执行。并由卫生防疫站、环境卫生监测站负责进行分析质量监督和评价。

2. 集中式给水

城镇的集中式给水单位,必须建立水质检验室,负责检验水源水、净化构筑物出水、出厂水和管网水的水质。

有自备给水的大、中型企业,应配备专(兼)职人员,负责本单位的水质检验工作。

其他单位的自备给水,应由其主管部门责成有关单位或报请上级指定有关单位负责本行业、本系统的水质检验。

分散式给水及农村集中式给水的水质,应由当地卫生防疫站、环境卫生监测站根据需要进行检验。

3. 生活饮用水的水质

检验生活饮用水的水质,应在水源、出厂水和居民经常用水点采样。

(1)城镇的集中式给水的水质检验采样点数,一般应按供水人口每两万人设一个点计算。供水人口超过一百万时,按上述比例计算出的采样点数可酌量减少;人口在二十万以下时,应酌量增加。在全部采样点中应有一定的点数,选在水源、出厂水、水质易受污染的地点、管网末梢和管网系统陈旧部分等。

每一采样点,每月采样检验应不少于两次,有条件时可适当增加次数,检验项目在一般情况下,细菌学指标和感官性状指标列为必检项目,其他指标可根据当地水质情况和需要选定。采样点和检验项目,应由供水单位与当地卫生防疫站、环境卫生监测站共同研究确定。对水源水、出厂水和部分有代表性的管网末梢水,每月进行一次全分析。

自备给水和农村集中式给水水质检验的采样点数、采样次数和检验项目,可根据具体情况参照上述要求确定。

水质检验的结果,应定期报送当地卫生防疫站、环境卫生监测站审查、存档。

(2)分散式给水水质的检验次数和项目,可根据需要决定。

(3)卫生防疫站、环境卫生监测站应对水源水、出厂水和居民经常用水进行定期监测。

4. 选择水源时的水质鉴定

选择水源时的水质鉴定,应检验生活饮用水水质标准规定的指标和该水源可能受某种成分污染的有关项目。

10.5 主要材料设备

可行性研究报告中应编制主要建(构)筑物一览表、主要生产设备、电气设备及自动仪表一览表、输、配水管道一览表。表中应列出名称、规模(型号)、材料、数量等,以利于进一步的项目分析和投资估算。各表的参考格式如表10-3、表10-4、表10-5所示。

主要建(构)筑物一览表　　　　　　　　　表10-3

序　号	名　　称	规　模	材　料	单　位	数　量	备　注
一	取水泵站					
1						
二	净水厂					

续表

序 号	名 称	规 模	材 料	单 位	数 量	备 注
1						
三	加压泵站					
1						

主要生产设备表 表10-4

序 号	名 称	规 格 型 号	单 位	数 量	备 注
一	取水泵站				
1					
二	净水厂				
1					
三	加压泵站				
1					

输、配水管道材料表 表10-5

序 号	名 称	规 格	材 料	单 位	数 量	备 注
一	输水管线					
1						
二	配水管线					
1						

附 录

水 量 计

时间	居民用水 变化系数	居民用水量	A 厂 高温车间生活用水 变化系数	用水量	A 厂 一般车间生活用水 变化系数	用水量	A 厂 淋浴用水 m³	A 厂 生产用水 m³	B 厂 高温车间生活用水 变化系数	用水量	B 厂 一般车间生活用水 变化系数	用水量	B 厂 淋浴用水 m³	B 厂 生产用水 m³
0~1	1.70	969.00	12.00	0.54	12.50	0.96		375.00	12.00	0.65	12.50	0.35		254.86
1~2	1.67	951.90	12.00	0.54	12.50	0.96		375.00	12.00	0.65	12.50	0.35		254.86
2~3	1.63	929.10	12.00	0.54	12.50	0.96		375.00	12.00	0.65	12.50	0.35		254.86
3~4	1.63	929.10	12.00	0.54	12.50	0.96		375.00	12.00	0.65	12.50	0.35		254.86
4~5	2.56	1459.20	12.00	0.54	12.50	0.96		375.00	12.00	0.65	12.50	0.35		254.86
5~6	4.35	2479.50	12.00	0.54	12.50	0.96		375.00	12.00	0.65	12.50	0.35		254.86
6~7	5.14	2929.80	(32.00)	0.72	(25)	0.98	6.00	375.00	(32.00)	0.85	(25.00)	0.35	7.20	254.86
7~8	5.64	3214.80	12.00	0.54	12.50	0.96		375.00	12.00	0.65	12.50	0.35		254.86
8~9	6.00	3420.00	12.00	0.54	12.50	0.96		375.00	12.00	0.65	12.50	0.35		254.86
9~10	5.84	3328.80	12.00	0.54	12.50	0.96		375.00	12.00	0.65	12.50	0.35		254.86
10~11	5.07	2889.90	12.00	0.54	12.50	0.96		375.00	12.00	0.65	12.50	0.35		254.86
11~12	5.15	2935.50	12.00	0.54	12.50	0.96		375.00	12.00	0.65	12.50	0.35		254.86
12~13	5.15	2935.50	12.00	0.54	12.50	0.96		375.00	12.00	0.65	12.50	0.35		254.86
13~14	5.15	2935.50	12.00	0.54	12.50	0.96		375.00	12.00	0.65	12.50	0.35		254.86
14~15	5.27	3003.90	(32.00)	0.72	(25)	0.98	6.00	375.00	(32.00)	0.85	(25.00)	0.35	7.20	254.86
15~16	5.52	3146.40	12.00	0.54	12.50	0.96		375.00	12.00	0.65	12.50	0.35		254.86
16~17	5.75	3277.50	12.00	0.54	12.50	0.96		375.00	12.00	0.65	12.50	0.35		254.86
17~18	5.83	3323.10	12.00	0.54	12.50	0.96		375.00	12.00	0.65	12.50	0.35		254.86
18~19	5.62	3203.40	12.00	0.54	12.50	0.96		375.00	12.00	0.65	12.50	0.35		254.86
19~20	5.00	2850.00	12.00	0.54	12.50	0.96		375.00	12.00	0.65	12.50	0.35		254.86
20~21	3.19	1818.30	12.00	0.54	12.50	0.96		375.00	12.00	0.65	12.50	0.35		254.86
21~22	2.69	1533.30	12.00	0.54	12.50	0.96		375.00	12.00	0.65	12.50	0.35		254.86
22~23	2.58	1470.60	(32.00)	0.72	(25)	0.98	6.00	375.00	(32.00)	0.85	(25.00)	0.35	7.20	254.86
23~24	1.87	1065.90	12.00	0.54	12.50	0.96		375.00	12.00	0.65	12.50	0.35		254.86
累计	100.00	57000.00		13.50		23.10	18.00	9000.00		16.20		8.40	21.60	6116.64

算　表 　　　　　　　　　　　　　　　　　　　　　　　附录表 4-1

	C		厂			火车站	公共设施用水		未预见用水量	小时用水量	占总量百分数
高温车间生活用水		一般车间生活用水		淋浴用水	生产用水	用水量	道路	绿地			
变化系数	用水量	变化系数	用水量	m³	m³	m³	m³	m³	m³	m³	%
12.00	0.27	12.50	0.88		375.00	41.67			694.69	2713.87	2.71
12.00	0.27	12.50	0.87		375.00	41.67			694.69	2696.76	2.70
12.00	0.27	12.50	0.88		375.00	41.67			694.69	2673.97	2.67
12.00	0.27	12.50			375.00	41.67		286.65	694.69	2960.61	2.96
12.00	0.27	12.50	0.88		375.00	41.67	250.00		694.69	3454.07	3.45
12.00	0.27	12.50	0.87		375.00	41.67			694.69	4224.36	4.22
(32.00)	0.36	(25.00)	0.88	3.00	375.00	41.67			694.69	4691.36	4.69
12.00	0.27	12.50	0.87		375.00	41.67			694.69	4959.66	4.96
12.00	0.27	12.50	0.88		375.00	41.67			694.69	5164.87	5.17
12.00	0.27	12.50	0.87		375.00	41.66			694.69	5073.65	5.07
12.00	0.27	12.50	0.88		375.00	41.67	250.00		694.69	4884.77	4.89
12.00	0.27	12.50	0.87		375.00	41.66			694.69	4680.35	4.68
12.00	0.27	12.50	0.88		375.00	41.67			694.69	4680.37	4.68
12.00	0.27	12.50	0.87		375.00	41.66		286.65	694.69	4967.00	4.97
(32.00)	0.36	(25.00)	0.88	3.00	375.00	41.67			694.69	4765.46	4.77
12.00	0.27	12.50	0.87		375.00	41.66			694.68	4891.24	4.89
12.00	0.27	12.50	0.88		375.00	41.67			694.69	5022.37	5.02
12.00	0.27	12.50	0.87		375.00	41.66			694.68	5067.94	5.07
12.00	0.27	12.50	0.88		375.00	41.67			694.69	4948.27	4.95
12.00	0.27	12.50	0.87		375.00	41.66			694.68	4594.84	4.60
12.00	0.27	12.50	0.88		375.00	41.67			694.69	3563.17	3.56
12.00	0.27	12.50	0.87		375.00	41.66			694.68	3278.14	3.28
(32.00)	0.36	(25.00)	0.88	3.00	375.00	41.67			694.69	3232.16	3.23
12.00	0.27	12.50	0.87		375.00	41.66			694.68	2810.74	2.81
	6.75		21.00	9.00	9000.00	1000.00	500.00	573.30	16672.51	100000.00	100.00

环号	管段	管长	管径	初次分配流量			
				q	$1000i$	h	
V	10—11	1451	500	205.37	2.94	4.27	0.
	11—16	770	200	−18.82	3.47	−2.67	0.
	16—17	1450	450	−149.47	2.77	−4.01	0.
	17—10	750	250	32.35	3.09	2.32	0.
						−0.09	0.
						$\triangle h = -h\lvert sq\rvert/2$	
VI	14—11	1201	600	306.42	2.48	2.98	0.
	14—15	750	800	−632.01	1.93	−1.44	0.
	16—15	1200	500	−227.08	3.55	−4.26	0.
	11—16	770	600	18.82	3.47	2.67	0.
						−0.05	0.
						$\triangle h = -h\lvert sq\rvert/2$	
VII	15—16	1200	500	227.08	3.55	4.26	0.
	16—25	1150	200	11.4	1.4	1.61	0.
	25—26	1201	600	−303.14	2.43	−2.92	0.
	26—15	1160	600	−347.07	2.67	−3.09	0.
						−0.14	0.
						$\triangle h = -h\lvert sq\rvert/2$	
VIII	16—17	1450	450	149.47	2.77	4.01	0.
	17—23	871	250	32.71	3.15	2.74	0.
	23—24	1310	400	−115.79	3.11	−4.07	0.
	24—25	700	600	−257.77	1.88	−1.26	0.
	25—16	1150	900	−11.4	1.4	−1.61	0.
						−0.19	0.
						$\triangle h = -h\lvert sq\rvert/2$	
IX	17—18	1360	350	66.66	2.19	2.97	0.
	18—19	1190	200	19.21	3.6	4.28	0.
	19—20	610	400	108.62	2.76	1.68	0.
	20—21	560	200	−17.49	3.03	−1.7	0.
	21—22	1050	300	−47.45	2.52	−2.65	0.
	22—23	1100	400	−87.45	1.85	−2.04	0.
	23—17	871	250	−32.71	3.15	−2.74	0.
						−0.2	0.
						$\triangle h = -h\lvert sq\rvert/2$	

附录表 4-2

第 三 次 校 正

sq	q	1000i	h	sq
0.0023	358.51−0.75=357.76	1.82	0.91	0.0023
0.0061	308.29−0.75=307.54	2.5	1.87	0.0061
0.0088	285.15−0.75=284.4	2.16	2.5	0.0088
0.1216	12.81−0.75+0.7=12.76	1.73	1.55	0.1214
0.0823	(−8.4)−0.75+0.7=−8.45	0.82	−0.69	0.0825
0.0098	(−308.87)+0.75−0.03=−308.15	2.53	−3.04	0.0098
0.0014	(−988.34)−0.75=−989.09	1.45	−1.43	0.0014
0.0014	(−1023.22)−0.75=−1023.97	1.55	−1.39	0.0014
0.2337			0.28	0.2337
$\Sigma=-0.75$				
0.0062	235.85−0.7=235.15	1.52	1.46	0.0062
0.0164	210.65−0.7=209.95	3.06	3.43	0.0163
0.1103	7.53−0.7+0.37=7.2	0.59	0.75	0.1065
0.021	(−207.47)−0.7−0.06=−208.23	3.02	−4.38	0.021
0.0823	8.4−0.7+0.75=8.45	0.82	0.69	0.0825
0.1216	(−12.81)−0.7+0.75=−12.76	1.73	−1.55	0.1214
0.3578			0.4	0.3539
$\Sigma=-0.7$				
0.0148	158.55−0.37=158.18	1.82	2.34	0.0148
0.0234	125.11−0.37=124.74	1.98	2.92	0.0234
0.0261	93.12−0.37=92.75	2.07	2.42	0.0261
0.0687	(−98.23)−0.37+0.02=−98.58	4.49	−6.78	0.0689
0.1103	(−7.53)−0.37+0.7=−7.2	0.59	−0.75	0.1065
0.2433			0.15	0.2397
$\Sigma=-0.37$				
0.0216	136.05−0.02=136.03	4.19	2.94	0.0216
0.2244	(−19.34)−0.02−0.07=−19.43	3.68	−4.38	0.2251
0.0447	(−66.81)−0.02−0.07=−66.9	2.2	−2.99	0.0447
0.0718	(−32.12)−0.02−0.06=−32.2	3.12	−2.34	0.0719
0.0687	98.23−0.02+0.37=98.58	4.49	6.78	0.0689
0.4312			0.01	0.4322
$\Sigma=-0.02$				

	第 一 次 校 正					第 二 次	
	q		$1000i$	h	sq	q	
208	205.37+0.17+1.07=206.61		2.98	4.32	0.0209	206.61+0.06+0.8=207.47	
419	(−18.82)+0.17−0.29=−18.94		3.46	−2.66	0.1417	(−18.94)+0.06−0.15=−19.03	
268	(−149.47)+0.17−0.33=−149.63		2.77	−4.02	0.0269	(−149.63)+0.06−0.26=−149.83	
716	32.35+0.17−0.06=32.42		3.11	2.33	0.0718	32.12+0.06−0.06=32.12	
611				−0.03	0.2613		
=0.17			$\triangle h = -h\lvert sq \rvert/2 = 0.06$				
097	306.42+0.15+1.07=307.64		2.5	3	0.0098	307.64+0.15+0.94=308.73	
023	(−632.01)+0.15=−631.86		1.92	−1.44	0.0023	(−631.86)+0.15=−631.71	
188	(−227.08)+0.15−0.39=−227.32		3.56	−4.27	0.0188	(−227.32)+0.15−0.28=−227.45	
419	18.82+0.15−0.17=18.80		3.46	2.66	0.1417	18.80+0.15−0.06=18.89	
727				−0.05	0.1726		
=0.15			$\triangle h = -h\lvert sq \rvert/2 = 0.15$				
188	227.08+0.39−0.29=227.18		3.56	4.27	0.0188	227.08+0.28−0.15=227.21	
415	11.4+0.39−0.33=11.46		1.42	1.63	0.1422	11.46+0.28−0.26=11.48	
096	(−303.14)+0.39=−302.75		2.43	−2.91	0.0096	(−302.75)+0.28=−302.47	
089	(−347.07)+0.39=−346.68		2.66	−3.09	0.0089	(−346.68)+0.28=−346.4	
788				−0.1	0.1795		
=0.39			$\triangle h = -h\lvert sq \rvert/2 = 0.28$				
268	149.47+0.33−0.17=149.63		2.77	4.02	0.0269	149.63+0.26−0.06=149.83	
839	32.71+0.33−0.18=32.32		3.18	2.77	0.0842	32.32+0.26−0.09=32.49	
352	(−115.79)+0.33=−115.46		3.09	−4.05	0.0351	(−115.46)+0.26=−115.2	
049	(−257.77)+0.33=−257.44		1.79	−1.26	0.0049	(−257.44)+0.26=−257.18	
415	(−11.4)+0.33−0.39=−11.46		1.42	−1.63	0.1422	(−11.46)+0.26−0.28=−11.48	
923				−0.15	0.2933		
=0.33			$\triangle h = -h\lvert sq \rvert/2 = 0.26$				
446	66.66+0.18−0.06=66.78		2.19	2.98	0.0446	66.78+0.09−0.06=66.81	
223	19.21+0.18−0.06=19.33		3.64	4.33	0.224	19.33+0.09−0.06=19.36	
155	108.62+0.18=108.8		2.77	1.69	0.0155	108.8+0.09=108.89	
971	(−17.49)+0.18=−17.31		2.98	−1.67	0.0964	(−17.31)+0.09=−17.22	
558	(−47.45)+0.18=−47.27		2.5	−2.63	0.0556	(−47.27)+0.09=−47.18	
223	(−87.45)+0.18=−87.27		1.85	−2.03	0.0233	(−87.27)+0.09=−87.18	
839	(−32.71)+0.18−0.33=−32.86		3.18	−2.77	0.0842	(−32.32)+0.09−0.26=−32.49	
422				−0.1	0.5436		
=0.18			$\triangle h = -h\lvert sq \rvert/2 = 0.09$				

统一给水时平差计算表 Hardy-Cross

	第 一 次 校 正				第 二 次 校 正			
q		1000i	h	sq	q		1000i	h
52−1.07=395.45		1.84	0.92	0.0023	359.45−0.94=358.51		1.83	0.92
3−1.07=309.23		2.52	1.89	0.0061	309.23−0.94=308.29		2.51	1.88
16−1.07=286.09		2.18	2.53	0.0088	286.09−0.94=285.15		2.17	2.52
−1.07+1.07=12.95		1.76	1.59	0.1225	12.95−0.94+0.8=12.81		1.73	1.56
)−1.07+1.07=−8.26		0.79	−0.67	0.0813	(−8.26)−0.94+0.8=−8.4		0.81	−0.69
2)−1.07−0.29=−307.78		2.5	−3	0.0098	(−307.78)−0.94−0.15=−308.87		2.52	−3.02
33)−1.07=−987.4		1.44	−1.43	0.0014	(−987.4)−0.94=−988.34		1.44	−1.43
21)−1.07=−1022.28		1.54	−1.39	0.0014	(−1022.28)−0.94=−1023.22		1.55	−1.39
			0.44	0.2336				0.35
		△h=−h|sq|/2=−0.94					△h=−h|sq|	
62−1.07=236.55		1.53	1.47	0.0062	236.55−0.8=235.75		1.52	1.46
42−1.07=211.35		3.1	3.48	0.0165	211.35−0.8=210.55		3.08	3.45
1.07+0.69=7.82		0.69	0.87	0.114	7.82−0.8+0.51=7.53		0.64	0.81
7)−1.07−0.17=−206.61		2.98	−4.32	0.0209	(−206.61)−0.8−0.06=−207.47		3	−4.35
−1.07+1.07=8.26		0.79	0.67	0.0813	8.26−0.8+0.94=8.4		0.81	0.69
5)−1.07+1.07=−12.95		1.76	−1.59	0.1225	(−12.95)−0.8+0.94=−12.81		1.73	−1.56
			0.58	0.3614				0.5
		△h=−h|sq|/2=−0.8					△h=−h|sq|	
−0.69=159.06		1.83	2.37	0.0149	159.06−0.51=158.55		1.82	2.35
31−0.69=125.62		2.01	2.95	0.0235	125.62−0.51=125.11		1.99	2.93
32−0.69=93.63		2.1	2.46	0.0263	93.63−0.51=93.12		2.08	2.44
)−0.69−0.06=−97.66		4.41	−6.66	0.0683	(−97.66)−0.51−0.06=−98.23		4.46	−6.73
−0.69+1.07=−7.82		0.69	−0.87	0.114	(−7.82)−0.51+0.8=−7.53		0.64	−0.81
			0.25	0.247				0.18
		△h=−h|sq|/2=−0.51					△h=−h|sq|	
93+0.06=135.99		4.19	2.93	0.0216	135.99+0.06=136.05		4.19	2.94
)+0.06−0.18=−19.33		3.64	−4.33	0.224	(−19.33)+0.06−0.09=−19.34		3.65	−4.34
)+0.06−0.18=−66.78		2.19	−2.98	0.0446	(−66.78)+0.06−0.09=−66.81		2.19	−2.98
)+0.06−0.17=−32.42		3.11	−2.33	0.0718	(−32.12)+0.06−0.06=−32.12		3.11	−2.33
0.06+0.69=97.66		4.41	6.66	0.0683	97.66+0.06+0.51=98.23		4.46	6.73
			−0.05	0.4303				0.02
		△h=−h|sq|/2=0.06					△h=−h|sq|	

环号	管段	管长	管径	初次分配流量				
				q	1000i	h	sq	
I	1—2	500	700	396.52	1.85	0.92	0.0023	396.
	2—3	750	600	310.3	2.54	1.9	0.0061	31(
	3—4	1160	600	287.16	2.2	2.55	0.0089	287.
	4—12	900	200	12.95	1.76	1.59	0.1225	12.95
	12—11	850	200	−8.26	0.79	−0.67	0.0813	(−8.26
	11—14	1201	600	−306.42	2.48	−2.98	0.0097	(−306.
	14—13	990	1000	−986.33	1.44	−1.42	0.0014	(−986
	13—1	900	1000	−1021.21	1.54	−1.39	0.0014	(−1021
						0.5	0.2336	
						$\triangle h = -h|sq|/2 = -1.07$		
II	4—5	960	600	237.62	1.55	1.49	0.0062	237.
	5—6	1120	500	212.42	3.13	3.51	0.0165	212
	6—10	1260	200	8.2	0.78	0.98	0.1199	8.2
	10—11	1451	500	−205.37	2.94	−4.27	0.0208	(−205.
	11—12	850	200	8.26	0.79	0.67	0.0813	8.26
	12—4	900	200	−12.95	1.76	−1.59	0.1225	(−12.9
						0.79	0.3672	
						$\triangle h = -h|sq|/2 = -1.07$		
III	6—7	1290	500	159.75	1.85	2.38	0.0149	15
	7—8	1470	450	126.31	2.03	2.98	0.0236	126
	8—9	1170	400	94.32	2.13	2.49	0.0264	94.
	9—10	1510	350	−96.91	4.36	−6.59	0.018	(−96.9
	10—6	1260	200	−8.2	0.78	−0.98	0.1199	(−8.2
						0.28	0.2028	
						$\triangle h = -h|sq|/2 = -0.69$		
IV	9—19	700	400	135.93	4.19	2.93	0.0216	135.
	19—18	1190	200	−19.21	3.6	−4.28	0.223	(−19.2
	18—17	1360	350	−66.66	2.19	−2.97	0.0446	(−66.6
	17—10	750	250	−32.35	3.09	−2.32	0.0716	(−32.3
	10—9	1510	350	96.91	4.36	6.59	0.068	96.91
						−0.05	0.4288	
						$\triangle h = -h|sq|/2 = -0.06$		

续表

校正			第 三 次 校 正			
1000i	h	sq	q	1000i	h	sq
3	4.35	0.021	207.47+0.06+0.7=208.23	3.02	4.38	0.021
3.48	-2.68	0.1422	(-19.03)+0.06-0.03=-19	3.48	-2.68	0.1421
2.78	-4.03	0.0269	(-149.83)+0.06-0.17=-149.94	2.78	-4.03	0.269
3.11	2.33	0.0718	32.12+0.06+0.02=32.2	3.12	2.34	0.0719
	-0.03	0.2619			0.01	0.504
$\triangle h=-h|sq|/2=0.06$						
2.52	3.02	0.009	307.87+0.03+0.75=308.65	2.53	3.04	0.0098
1.92	-1.44	0.0023	(-631.57)+0.03=-631.54	1.92	-1.44	0.0023
3.56	-4.27	0.0188	(-227.21)+0.03-0.22=-227.4	3.57	-4.28	0.0188
3.48	2.68	0.1422	19.03+0.03-0.06=19.00	3.48	2.68	0.1421
	-0.01	0.1731			0.01	0.173
$\triangle h=-h|sq|/2=0.03$						
3.56	4.27	0.0188	227.21+0.22-0.03=227.4	3.57	4.28	0.0188
1.42	1.64	0.1424	11.48+0.22-0.17=11.53	1.43	1.65	0.1429
2.42	-2.91	0.0096	(-302.47)+0.22=-302.25	2.42	-2.9	0.0096
2.66	-3.08	0.0089	(-346.4)+0.22=-346.18	2.65	-3.08	0.0089
	-0.08	0.1797			-0.05	0.1802
$\triangle h=-h|sq|/2=0.22$						
2.78	4.03	0.0269	149.83+0.17-0.06=149.94	2.78	4.03	0.0269
3.21	2.79	0.0846	32.53+0.17-0.07=32.63	3.23	2.81	0.0848
3.08	-4.03	0.035	(-115.2)+0.17-0.07=-115.1	3.07	-4.02	0.035
1.79	-1.25	0.0049	(-257.18)+0.17=-257.01	1.79	-1.25	0.0049
1.42	-1.64	0.1424	(-11.48)+0.17-0.22=-11.53	1.43	-1.65	0.1429
	-0.1	0.2938			-0.08	0.2945
$\triangle h=-h|sq|/2=0.17$						
2.19	2.98	0.0447	66.81+0.07+0.02=66.9	2.2	2.99	0.0447
3.65	4.34	0.2244	19.34+0.07+0.02=19.43	3.68	4.38	0.2251
2.77	1.69	0.0155	108.89+0.07=108.96	2.78	1.69	0.0155
2.95	-1.65	0.096	(-17.22)+0.07=-17.15	2.93	-1.64	0.0957
2.49	-2.62	0.0555	(-47.18)+0.07=-47.11	2.49	-2.61	0.0554
1.84	-2.03	0.0232	(-87.18)+0.07=-87.11	1.84	-2.02	0.0232
3.21	-2.79	0.0846	(-32.53)+0.07-0.17=-32.63	3.23	-2.81	0.0848
	-0.08	0.5439			-0.02	0.5444
$\triangle h=-h|sq|/2=0.07$						

污水管道 A 方案水力计算结果

附录表 6-1

NO.N N	F(N) (hm²)	QB(N) (L/s)	QW(N) (L/s)	Q(N) (L/s)	KZ (N)	QK(N) (L/s)	QJB(N) (L/s)	QJ(N) (L/s)	L(N) (m)	QS(N) (L/s)	D(N) (mm)	I(N) (0/00)	V(N) (m/s)	H/D(N) (m/m)
15—16	5.00	3.63154	0.00	3.63	2.30	8.34	0.00	0.00	360.0	8.34	300	3.00	0.518	0.278
16—17	8.50	6.17	0.00	9.79	2.10	20.57	0.00	0.00	400.0	20.57	350	2.31	0.600	0.386
17—18	16.62	12.06	0.00	21.85	1.92	42.03	0.00	0.00	500.0	42.03	400	1.48	0.610	0.537
18—19	22.76	16.51	0.00	38.37	1.81	69.35	0.00	0.00	400.0	69.35	450	1.23	0.640	0.644
19—20	8.65	6.28	0.00	44.64	1.78	79.37	29.17	0.00	400.0	108.54	500	1.37	0.740	0.699
20—21	21.62	15.69	0.00	60.33	1.72	103.76	0.00	29.17	320.0	132.93	600	1.42	0.800	0.569
21—22	23.69	17.19	0.00	77.51	1.67	129.69	0.00	29.17	340.0	158.86	600	1.33	0.810	0.654
22—23	29.82	21.64	0.00	99.15	1.63	161.46	0.00	29.17	340.0	190.63	700	1.20	0.820	0.582
23—24	37.16	26.96	0.00	126.11	1.59	200.00	0.00	29.17	300.0	229.17	700	1.12	0.830	0.674
24—25	20.72	15.03	0.00	15.03	2.00	30.13	0.00	0.00	460.0	30.13	350	1.76	0.600	0.518
25—26	23.76	17.24	0.00	32.27	1.84	59.46	0.00	0.00	320.0	59.46	450	1.18	0.610	0.590
26—27	17.43	12.65	0.00	44.92	1.78	79.80	0.00	0.00	340.0	79.80	500	1.40	0.700	0.563
27—28	17.91	12.99	0.00	57.91	1.73	100.05	0.00	0.00	300.0	100.05	500	1.28	0.710	0.674
28—29	16.69	12.11	0.00	70.02	1.69	118.47	0.00	0.00	340.0	118.47	600	1.53	0.800	0.519
30—31	13.20	9.58	0.00	9.58	2.11	20.17	0.00	0.00	360.0	20.17	350	2.35	0.600	0.380
31—32	12.90	9.36	0.00	18.94	1.95	37.00	0.00	0.00	400.0	37.00	350	1.63	0.610	0.603
32—33	14.76	10.71	0.00	29.64	1.86	55.13	0.00	0.00	460.0	55.13	450	1.29	0.620	0.546
33—34	8.80	6.38	0.00	36.03	1.82	65.58	0.00	0.00	300.0	65.58	450	1.22	0.630	0.622
34—35	7.95	5.77	0.00	41.80	1.79	74.85	50.00	0.00	260.0	124.85	600	1.48	0.800	0.540
35—36	7.36	5.34	0.00	47.14	1.77	83.30	0.00	50.00	240.0	133.30	600	1.47	0.810	0.564
36—37	7.17	5.20	0.00	52.34	1.75	91.44	0.00	50.00	240.0	141.44	600	1.46	0.820	0.587
37—38	7.45	5.41	0.00	57.74	1.73	99.79	0.00	50.00	240.0	149.79	600	1.46	0.830	0.609
38—39	9.75	7.07	0.00	64.82	1.71	110.60	0.00	50.00	240.0	160.60	600	1.45	0.840	0.640
39—40	14.70	13.36	0.00	13.36	2.03	27.12	0.00	0.00	360.0	27.12	350	1.89	0.600	0.477
40—41	15.24	13.85	0.00	27.21	1.88	51.08	0.00	0.00	380.0	51.08	400	1.32	0.610	0.632
41—42	18.02	16.38	0.00	43.59	1.78	77.69	0.00	0.00	420.0	77.69	500	1.42	0.700	0.551
42—43	21.51	19.55	0.00	63.13	1.71	108.04	0.00	0.00	380.0	108.04	500	1.37	0.740	0.697
43—44	18.20	16.54	0.00	79.67	1.67	132.90	0.00	0.00	320.0	132.90	600	1.42	0.800	0.569
44—45	14.65	13.31	0.00	92.99	1.64	152.50	0.00	0.00	340.0	152.50	600	1.36	0.810	0.632
45—46	7.56	6.87	0.00	99.86	1.63	162.49	0.00	0.00	240.0	162.49	600	1.36	0.820	0.660
46—47	8.98	8.16	0.00	108.02	1.61	174.25	0.00	0.00	240.0	174.25	600	1.36	0.830	0.695
47—48	17.64	16.03	0.00	16.03	1.99	31.90	0.00	0.00	360.0	31.90	350	1.70	0.600	0.542
48—49	17.64	16.03	0.00	32.06	1.84	59.12	0.00	0.00	380.0	59.12	450	1.19	0.610	0.587
49—50	20.19	18.35	0.00	50.41	1.75	88.43	0.00	0.00	260.0	88.43	500	1.32	0.700	0.613
50—51	17.86	16.23	0.00	66.64	1.70	113.37	0.00	0.00	260.0	113.37	500	1.53	0.780	0.694
51—52	14.90	13.54	0.00	80.18	1.67	133.66	0.00	0.00	180.0	133.66	600	1.42	0.800	0.572
52—53	12.50	11.36	0.00	91.54	1.64	150.39	0.00	0.00	240.0	150.39	600	1.37	0.810	0.624
53—54	15.64	14.21	0.00	105.76	1.62	171.00	0.00	0.00	240.0	171.00	600	1.33	0.820	0.691
54—55	12.60	11.45	0.00	11.45	2.06	23.64	20.28	0.00	340.0	43.92	400	1.38	0.600	0.564
55—56	20.10	18.27	0.00	29.72	1.86	55.25	0.00	20.28	460.0	75.53	450	1.47	0.700	0.643
56—57	27.96	25.41	0.00	55.13	1.74	95.76	0.00	20.28	240.0	116.04	500	1.61	0.800	0.692
57—58	10.17	9.24	0.00	64.37	1.71	109.92	0.00	20.28	180.0	130.20	600	1.49	0.810	0.554

续表

NO.N N	HIL(N) (m)	H(N) SHANG	H(N+1) XIA	HG(N,2) SHANG	HG(N+1,1) XIA	HMN2 SHANG	HMN11 XIA	MM(N) (人/hm²)	WB(N) (L/人·d)	Q0(N) (L/s·hm²)	HS(N,2) SHANG	HS(N+1,1) XIA	HH(N) (m)	ZJ(N) (YUAN)
15—16	1.08	103.53	103.18	101.880	100.800	1.65	2.38	597.0	105.0	0.729	101.964	100.884	0.084	48060.0
16—17	0.925	103.18	102.84	100.748	99.823	2.43	3.02	597.0	105.0	0.729	100.884	99.958	0.135	53400.0
17—18	0.741	102.84	102.48	99.743	99.003	3.10	3.48	597.0	105.0	0.729	99.958	99.218	0.215	71640.0
18—19	0.492	102.48	102.19	98.928	98.436	3.55	3.75	597.0	105.0	0.729	99.218	98.726	0.290	57312.0
19—20	0.548	102.19	101.74	98.376	97.828	3.81	3.91	597.0	105.0	0.729	98.726	98.178	0.350	63192.0
20—21	0.455	101.74	101.27	97.728	97.273	4.01	4.00	597.0	105.0	0.729	98.069	97.615	0.341	90819.2
21—22	0.452	101.27	100.81	97.222	96.770	4.05	4.04	597.0	105.0	0.729	97.615	97.162	0.392	96495.4
22—23	0.406	100.81	100.44	96.755	96.348	4.06	4.09	597.0	105.0	0.729	97.162	96.756	0.408	101680.4
23—24	0.336	100.44	100.09	96.284	95.948	4.16	4.14	597.0	105.0	0.729	96.756	96.420	0.472	89718.0
24—25	0.812	102.29	101.84	99.590	98.778	2.70	3.06	597.0	105.0	0.729	99.771	98.960	0.181	61410.0
25—26	0.378	101.84	101.41	98.694	98.316	3.15	3.09	597.0	105.0	0.729	98.960	98.581	0.265	45849.6
26—27	0.475	101.41	100.99	98.300	97.825	3.11	3.17	597.0	105.0	0.729	98.581	98.106	0.281	53713.2
27—28	0.385	100.99	100.78	97.769	97.384	3.22	3.40	597.0	105.0	0.729	98.106	97.721	0.337	47394.0
28—29	0.519	100.78	100.59	97.284	96.766	3.50	3.82	597.0	105.0	0.729	97.596	97.077	0.312	61604.6
30—31	0.846	103.23	102.76	101.010	100.164	2.22	2.60	597.0	105.0	0.729	101.143	100.297	0.133	48060.0
31—32	0.651	102.76	102.44	100.086	99.436	2.67	3.00	597.0	105.0	0.729	100.297	99.647	0.211	53400.0
32—33	0.594	102.44	102.06	99.401	98.807	3.04	3.25	597.0	105.0	0.729	99.647	99.053	0.246	65908.8
33—34	0.365	102.06	101.73	98.773	98.408	3.29	3.32	597.0	105.0	0.729	99.053	98.688	0.280	42984.0
34—35	0.384	101.73	101.39	98.363	97.979	3.37	3.41	597.0	105.0	0.729	98.688	98.304	0.324	47109.4
35—36	0.352	101.39	101.06	97.965	97.613	3.43	3.45	597.0	105.0	0.729	98.304	97.952	0.339	43485.6
36—37	0.350	101.06	100.78	97.600	97.250	3.46	3.53	597.0	105.0	0.729	97.952	97.602	0.352	43485.6
37—38	0.350	100.78	100.45	97.236	96.886	3.54	3.56	597.0	105.0	0.729	97.602	97.251	0.365	43485.6
38—39	0.348	100.45	100.18	96.868	96.520	3.58	3.66	597.0	105.0	0.729	97.251	96.904	0.384	43485.6
39—40	0.681	103.00	102.42	100.300	99.619	2.70	2.80	568.0	130.0	0.855	100.467	99.786	0.167	48060.0
40—41	0.502	102.42	101.90	99.533	99.031	2.89	2.87	568.0	130.0	0.855	99.786	99.284	0.253	54446.4
41—42	0.597	101.90	101.48	99.008	98.411	2.89	3.07	568.0	130.0	0.855	99.284	98.687	0.275	66351.6
42—43	0.522	101.48	101.07	98.339	97.817	3.14	3.25	568.0	130.0	0.855	98.687	98.165	0.348	60032.4
43—44	0.455	101.07	100.68	97.717	97.262	3.35	3.42	568.0	130.0	0.855	98.058	97.604	0.341	57980.8
44—45	0.461	100.68	100.70	97.224	96.763	3.46	3.94	568.0	130.0	0.855	97.604	97.142	0.379	61604.6
45—46	0.326	100.70	100.41	96.746	96.421	3.95	3.99	568.0	130.0	0.855	97.142	96.817	0.396	43485.6
46—47	0.325	100.41	100.12	96.399	96.074	4.01	4.05	568.0	130.0	0.855	96.817	96.491	0.417	68114.4
47—48	0.612	102.62	102.17	99.920	99.308	2.70	2.86	568.0	130.0	0.855	100.110	99.497	0.190	48060.0
48—49	0.451	102.17	101.64	99.233	98.783	2.94	2.86	568.0	130.0	0.855	99.497	99.047	0.264	54446.4
49—50	0.342	101.64	101.28	98.740	98.397	2.90	2.88	568.0	130.0	0.855	99.047	98.704	0.307	41074.8
50—51	0.397	101.28	101.00	98.357	97.960	2.92	3.04	568.0	130.0	0.855	98.704	98.307	0.347	41074.8
51—52	0.255	101.00	100.81	97.860	97.605	3.14	3.20	568.0	130.0	0.855	98.203	97.948	0.343	32614.2
52—53	0.328	100.81	100.51	97.574	97.246	3.24	3.26	568.0	130.0	0.855	97.948	97.620	0.374	43485.6
53—54	0.318	100.51	100.20	97.205	96.887	3.30	3.31	568.0	130.0	0.855	97.620	97.302	0.415	43485.6

续表

NO.N N	HIL(N) (m)	H(N) SHANG	H(N+1) XIA	HG(N,2) SHANG	HG(N+1,1) XIA	HMN2 SHANG	HMN11 XIA	MM(N) (人/hm²)	WB(N) (L/人·d)	QQ(N) (L/s·hm²)	HS(N,2) SHANG	HS(N+1,1) XIA	HH(N) (m)	ZJ(N) (YUAN)
54—55	0.469	101.70	101.45	98.810	98.341	2.89	3.11	568.0	130.0	0.855	99.036	98.566	0.226	48715.2
55—56	0.678	101.45	100.93	98.277	97.600	3.17	3.33	568.0	130.0	0.855	98.566	97.889	0.289	65908.8
56—57	0.386	100.93	100.55	97.543	97.157	3.39	3.39	568.0	130.0	0.855	97.889	97.503	0.346	37915.2
57—58	0.267	100.55	100.27	97.057	96.789	3.49	3.48	568.0	130.0	0.855	97.389	97.121	0.332	32614.2

NO.N N	F(N) (hm²)	QB(N) (L/s)	QW(N) (L/s)	Q(N) (L/s)	KZ(N)	QK(N) (L/s)	QJB(N) (L/s)	QJ(N) (L/s)	L(N) (m)	QS(N) (L/s)	D(N) (mm)	I(N) (0/00)	V(N) (m/s)	H/D(N) (m/m)
1—2	31.27	22.69	70.02	92.71	1.64	152.09	0.00	0.00	540.0	152.09	600	1.32	0.800	0.637
2—3	11.23	8.15	0.00	100.85	1.63	163.93	0.00	0.00	440.0	163.93	600	1.31	0.810	0.673
3—4	9.45	6.86	226.96	233.82	1.48	346.47	29.17	0.00	420.0	375.64	900	0.73	0.800	0.692
4—5	7.48	5.43	0.00	239.24	1.48	353.62	0.00	29.17	400.0	382.79	900	0.75	0.810	0.697
5—6	6.60	4.79	0.00	244.03	1.47	359.91	0.00	29.17	400.0	389.08	900	0.77	0.820	0.698
6—7	4.60	3.34	0.00	247.37	1.47	364.28	0.00	29.17	280.0	393.45	900	0.79	0.830	0.698
7—8	4.22	3.84	64.82	316.02	1.43	453.02	50.00	29.17	300.0	532.19	1000	0.70	0.850	0.744
8—9	3.07	2.79	424.04	426.83	1.39	591.96	79.17	0.00	500.0	671.13	1100	0.70	0.900	0.732
9—10	2.11	1.92	0.00	428.75	1.39	594.32	0.00	79.17	140.0	673.49	1100	0.71	0.910	0.727
10—11	5.58	5.07	0.00	433.82	1.38	600.58	0.00	79.17	340.0	679.75	1100	0.73	0.920	0.725
11—12	6.12	5.56	105.76	545.14	1.35	735.96	0.00	79.17	400.0	815.13	1200	0.66	0.930	0.724
12—13	7.28	6.62	0.00	551.76	1.35	743.91	0.00	79.17	280.0	823.08	1200	0.68	0.940	0.723
13—14	4.40	4.00	0.00	555.76	1.35	748.70	0.00	79.17	280.0	827.87	1200	0.69	0.950	0.720
14—15	0.00	0.00	64.37	620.13	1.33	825.41	20.28	79.17	500.0	924.86	1400	0.64	0.960	0.600

NO.N N	HIL(N) (m)	H(N) SHANG	H(N+1) XIA	HG(N,2) SHANG	HG(N+1,1) XIA	HMN2 SHANG	HMN11 XIA	MM(N) (人/hm²)	WB(N) (L/人·d)	QQ(N) (L/s·hm²)	HS(N,2) SHANG	HS(N+1,1) XIA	HH(N) (m)	ZJ(N) (YUAN)
1—2	0.712	100.59	100.23	96.770	96.058	3.82	4.17	597.0	105.0	0.726	97.152	96.440	0.382	97842.6
2—3	0.577	100.23	100.09	96.037	95.460	4.19	4.63	597.0	105.0	0.726	96.440	95.863	0.404	124876.4
3—4	0.309	100.09	100.16	95.460	95.151	4.63	5.01	597.0	105.0	0.726	96.083	95.775	0.623	152859.0
4—5	0.300	100.16	100.25	95.148	94.847	5.01	5.40	597.0	105.0	0.726	95.775	95.474	0.627	145580.0
5—6	0.308	100.25	100.24	94.846	94.538	5.40	5.70	597.0	105.0	0.726	95.474	95.166	0.628	145580.0
6—7	0.221	100.24	100.18	94.538	94.318	5.70	5.86	597.0	105.0	0.726	95.166	94.946	0.628	101906.0
7—8	0.210	100.18	100.12	94.202	93.991	5.98	6.13	568.0	130.0	0.855	94.946	94.735	0.744	182349.0

中途泵站提升至3.90m结果

8—9	0.348	100.12	100.13	96.220	95.872	3.90	4.26	568.0	130.0	0.855	97.025	96.677	0.805	259920.0
9—10	0.100	100.13	100.14	95.872	95.772	4.26	4.37	568.0	130.0	0.855	96.671	96.571	0.799	72777.6
10—11	0.248	100.14	100.21	95.772	95.524	4.37	4.69	568.0	130.0	0.855	96.570	96.322	0.798	176745.6
11—12	0.266	100.21	100.24	95.453	95.187	4.76	5.05	568.0	130.0	0.855	96.322	96.056	0.869	221576.0
12—13	0.190	100.24	100.26	95.187	94.997	5.05	5.26	568.0	130.0	0.855	96.054	95.864	0.867	155103.2
13—14	0.195	100.26	100.27	94.997	94.803	5.26	5.47	568.0	130.0	0.855	95.861	95.666	0.864	155103.2
14—15	0.318	100.27	100.30	94.603	94.284	5.67	6.02	568.0	130.0	0.855	95.443	95.124	0.840	314625.0

ZMJ (ha)	ZGC (m)	ZZJ (YUAN)	GWMD (m/ha)	DWZJ (YUAN/M)	ZRK (REN)	ZQS (L/s)	PJGJ (m)	PJPD (0/00)
769.14	18900.0	4630007.0	24.57	244.97	461548.0	924.861	0.68528	0.8048

污水管道 B 方案水力计算结果

附录表 6-2

NO.N N	F(N) (hm²)	QB(N) (L/s)	QW(N) (L/s)	Q(N) (L/s)	KZ(N)	QK(N) (L/s)	QJB(N) (L/s)	QJ(N) (L/s)	L(N) (m)	QS(N) (L/s)	D(N) (mm)	I(N) (0/00)	V(N) (m/s)	H/D(N) (m/m)
26—27	5.00	3.63	0.00	3.63	2.30	8.34	0.00	0.00	360.0	8.34	300	3.00	0.518	0.278
27—28	8.50	6.17	0.00	9.79	2.10	20.57	0.00	0.00	400.0	20.57	350	2.31	0.600	0.386
28—29	16.62	12.06	0.00	21.85	1.92	42.03	0.00	0.00	500.0	42.03	400	1.48	0.610	0.537
29—30	13.20	9.58	0.00	9.58	2.11	20.17	0.00	0.00	360.0	20.17	350	2.35	0.600	0.380
30—31	12.90	9.36	0.00	18.94	1.95	37.00	0.00	0.00	400.0	37.00	350	1.63	0.610	0.603
31—32	14.76	10.71	0.00	29.64	1.86	55.13	0.00	0.00	460.0	55.13	450	1.29	0.620	0.546
32—33	14.70	13.36	0.00	13.36	2.03	27.12	0.00	0.00	360.0	27.12	350	1.89	0.600	0.477
33—34	15.24	13.85	0.00	27.21	1.88	51.08	0.00	0.00	380.0	51.08	400	1.32	0.610	0.632
34—35	18.02	16.38	0.00	43.59	1.78	77.69	0.00	0.00	420.0	77.69	500	1.42	0.700	0.551
35—36	17.64	16.03	0.00	16.03	1.99	31.90	0.00	0.00	360.0	31.90	350	1.70	0.600	0.542
36—37	17.64	16.03	0.00	32.06	1.84	59.12	0.00	0.00	380.0	59.12	450	1.19	0.610	0.587
37—38	20.19	18.35	0.00	50.41	1.75	88.43	0.00	0.00	260.0	88.43	500	1.32	0.700	0.613
38—39	12.60	11.45	0.00	11.45	2.06	23.64	20.28	0.00	340.0	43.92	400	1.38	0.600	0.564
39—40	20.10	18.27	0.00	29.72	1.86	55.25	0.00	20.28	460.0	75.53	450	1.47	0.700	0.643
15—16	22.76	16.51	0.00	16.51	1.98	32.75	0.00	0.00	500.0	32.75	350	1.68	0.600	0.552
16—17	8.80	6.38	38.36	44.74	1.78	79.53	0.00	0.00	220.0	79.53	500	1.40	0.700	0.561
17—18	0.00	0.00	0.00	44.74	1.78	79.53	0.00	0.00	340.0	79.53	500	1.45	0.710	0.555
18—19	9.91	9.01	29.64	83.39	1.66	138.41	0.00	0.00	340.0	138.41	600	1.39	0.800	0.588
19—20	11.60	10.54	0.00	93.93	1.64	153.88	50.00	0.00	340.0	203.88	700	1.12	0.810	0.622
20—21	9.38	8.52	43.59	146.05	1.56	227.91	0.00	50.00	340.0	277.91	800	0.94	0.820	0.638
21—22	8.48	7.71	0.00	153.75	1.55	238.58	0.00	50.00	400.0	288.58	800	0.95	0.830	0.653
22—23	10.42	9.47	50.41	213.63	1.50	319.72	0.00	50.00	260.0	369.72	900	0.83	0.840	0.653
23—24	8.30	7.54	0.00	221.18	1.49	329.75	0.00	50.00	240.0	379.75	900	0.85	0.850	0.661
24—25	9.24	8.40	0.00	229.57	1.48	340.87	0.00	50.00	200.0	390.87	900	0.86	0.860	0.671
25—26	10.17	9.24	29.72	268.54	1.46	391.90	20.28	50.00	240.0	462.18	1000	0.79	0.870	0.641
26—27	0.00	0.00	0.00	268.54	1.46	391.90	0.00	70.28	180.0	462.18	1000	0.81	0.880	0.634
40—41	20.72	15.03	0.00	15.03	2.00	30.13	0.00	0.00	460.0	30.13	350	1.76	0.600	0.518
41—42	23.76	17.24	0.00	32.27	1.84	59.46	0.00	0.00	320.0	59.46	450	1.18	0.610	0.590
42—43	17.43	12.65	0.00	44.92	1.78	79.80	0.00	0.00	340.0	79.80	500	1.40	0.700	0.563
43—44	17.91	12.99	0.00	57.91	1.73	100.05	0.00	0.00	300.0	100.05	500	1.28	0.710	0.674
44—45	16.69	12.11	0.00	70.02	1.69	118.47	0.00	0.00	340.0	118.47	600	1.53	0.800	0.519
45—46	8.65	6.28	0.00	6.28	2.21	13.84	29.17	0.00	400.0	43.01	400	1.40	0.600	0.555
46—47	21.62	15.69	0.00	21.96	1.92	42.21	0.00	29.17	320.0	71.38	450	1.31	0.660	0.644
47—48	23.69	17.19	0.00	39.15	1.80	70.61	0.00	29.17	340.0	99.78	500	1.24	0.700	0.681
48—49	29.82	21.64	0.00	60.78	1.72	104.46	0.00	29.17	340.0	133.63	600	1.42	0.800	0.572
49—50	37.16	26.96	0.00	87.74	1.65	144.82	0.00	29.17	300.0	173.99	700	1.22	0.810	0.546
50—51	7.95	5.77	0.00	5.77	2.23	12.84	0.00	0.00	260.0	12.84	300	3.00	0.585	0.349
51—52	7.36	5.34	0.00	11.11	2.07	23.01	0.00	0.00	240.0	23.01	350	2.13	0.600	0.420
52—53	7.17	5.20	0.00	16.31	1.99	32.39	0.00	0.00	240.0	32.39	350	1.76	0.610	0.540
53—54	7.45	5.41	0.00	21.71	1.92	41.79	0.00	0.00	240.0	41.79	400	1.55	0.620	0.528
54—55	9.75	7.07	0.00	28.79	1.86	53.71	0.00	0.00	240.0	53.71	400	1.40	0.630	0.643

续表

NO.N N	F(N) (ha)	QB(N) (L/s)	QW(N) (L/s)	Q(N) (L/s)	KZ(N)	QK(N) (L/s)	QJB(N) (L/s)	QJ(N) (L/s)	L(N) (m)	QS(N) (L/s)	D(N) (mm)	I(N) (0/00)	V(N) (m/s)	H/D(N) (m/m)
54—55	4.58	4.16	0.00	4.16	2.30	9.57	0.00	0.00	220.0	9.57	300	3.00	0.539	0.299
55—56	13.62	12.38	0.00	16.54	1.98	32.80	0.00	0.00	220.0	32.80	350	1.67	0.600	0.554
56—57	4.00	3.64	0.00	20.18	1.94	39.14	0.00	0.00	180.0	39.14	350	1.58	0.610	0.632
57—58	18.21	16.55	0.00	36.72	1.82	66.71	0.00	0.00	240.0	66.71	450	1.16	0.620	0.641
58—59	8.98	8.16	0.00	44.89	1.78	79.75	0.00	0.00	240.0	79.75	500	1.40	0.700	0.563
59—60	14.90	13.54	0.00	13.54	2.03	27.45	0.00	0.00	180.0	27.45	350	1.88	0.600	0.480
60—61	12.50	11.36	0.00	24.90	1.90	47.21	0.00	0.00	240.0	47.21	400	1.38	0.610	0.591
61—62	15.64	14.21	0.00	39.11	1.80	70.56	0.00	0.00	240.0	70.56	450	1.27	0.650	0.645

NO.N N	HIL(N) (m)	H(N) SHANG	H(N+1) XIA	HG(N,2) SHANG	HG(N+1,1) XIA	HMN2 SHANG	HMN11 XIA	MM(N) (人/hm²)	WB(N) (L/人·d)	Q0(N) (L/s·hm²)	HS(N,2) SHANG	HS(N+1,1) XIA	HH(N) (m)	ZJ(N) (YUAN)
26—27	1.080	103.53	103.18	101.880	100.800	1.65	2.38	597.0	105.0	0.726	101.964	100.884	0.084	48060.0
27—28	0.925	103.18	102.84	100.748	99.823	2.43	3.02	597.0	105.0	0.726	100.884	99.958	0.135	53400.0
28—29	0.741	102.84	102.48	99.743	99.003	3.10	3.48	597.0	105.0	0.726	99.958	99.218	0.215	71640.0
29—30	0.846	103.23	102.76	101.010	100.164	2.22	2.60	597.0	105.0	0.726	101.143	100.297	0.133	48060.0
30—31	0.651	102.76	102.44	100.086	99.436	2.67	3.00	597.0	105.0	0.726	100.297	99.647	0.211	53400.0
31—32	0.594	102.44	102.06	99.401	98.807	3.04	3.25	597.0	105.0	0.726	99.647	99.053	0.246	65908.8
32—33	0.681	103.00	102.42	100.300	99.619	2.70	2.80	568.0	130.0	0.855	100.467	99.786	0.167	48060.0
33—34	0.502	102.42	101.90	99.533	99.031	2.89	2.87	568.0	130.0	0.855	99.786	99.284	0.253	54446.4
34—35	0.597	101.90	101.28	99.008	98.411	2.89	2.87	568.0	130.0	0.855	99.284	98.687	0.275	66351.6
35—36	0.612	102.62	102.17	99.920	99.308	2.70	2.86	568.0	130.0	0.855	100.110	99.497	0.190	48060.0
36—37	0.451	102.17	101.64	99.233	98.783	2.94	2.86	568.0	130.0	0.855	99.497	99.047	0.264	54446.4
37—38	0.342	101.64	101.28	98.740	98.397	2.90	2.88	568.0	130.0	0.855	99.047	98.704	0.307	41074.8
38—39	0.469	101.76	101.45	98.870	98.401	2.89	3.05	568.0	130.0	0.855	99.096	98.626	0.226	48715.2
39—40	0.678	101.45	100.93	98.337	97.660	3.11	3.27	568.0	130.0	0.855	98.626	97.949	0.289	65908.8
15—16	0.838	102.76	102.48	100.760	99.922	2.00	2.56	597.0	105.0	0.726	100.953	100.115	0.193	66750.0
16—17	0.308	102.48	102.33	99.000	98.692	3.48	3.64	597.0	105.0	0.726	99.281	98.973	0.281	34755.6
17—18	0.494	102.33	102.06	98.692	98.198	3.64	3.86	597.0	105.0	0.726	98.970	98.476	0.278	53713.2
18—19	0.416	102.06	101.76	98.123	97.706	3.94	4.05	568.0	130.0	0.855	98.476	98.059	0.353	54357.0
19—20	0.379	101.76	101.48	97.624	97.244	4.14	4.24	568.0	130.0	0.855	98.059	97.680	0.436	101680.4
20—21	0.320	101.48	101.39	97.169	96.849	4.31	4.54	568.0	130.0	0.855	97.680	97.360	0.511	114182.2
21—22	0.381	101.39	101.28	96.837	96.456	4.55	4.82	568.0	130.0	0.855	97.360	96.978	0.522	134332.0
22—23	0.217	101.28	101.21	96.391	96.174	4.89	5.04	568.0	130.0	0.855	96.978	96.761	0.587	94627.0
23—24	0.204	101.21	101.10	96.166	95.963	5.04	5.14	568.0	130.0	0.855	96.761	96.558	0.595	87348.0
24—25	0.172	101.10	100.93	95.954	95.781	5.15	5.15	568.0	130.0	0.855	96.558	96.385	0.604	72790.0
25—26	0.189	100.93	100.55	95.744	95.556	5.19	4.99	568.0	130.0	0.855	96.385	96.197	0.641	118027.0
26—27	0.146	100.55	100.27	95.556	95.410	4.99	4.86	568.0	130.0	0.855	96.190	96.044	0.634	88520.4
40—41	0.812	102.29	101.84	99.590	98.778	2.70	3.06	597.0	105.0	0.726	99.771	98.960	0.181	61410.0
41—42	0.378	101.84	101.41	98.694	98.316	3.15	3.09	597.0	105.0	0.726	98.960	98.581	0.265	45849.6
42—43	0.475	101.41	100.99	98.300	97.825	3.11	3.17	597.0	105.0	0.726	98.581	98.106	0.281	53713.2

续表

NO.N N	HIL(N) (m)	H(N) SHANG	H(N+1) XIA	HG(N,2) SHANG	HG(N+1,1) XIA	HMN2 SHANG	HMN11 XIA	MM(N) (人/hm²)	WB(N) (L/人·d)	Q0(N) (L/s·hm²)	HS(N,2) SHANG	HS(N+1,1) XIA	HH(N) (m)	ZJ(N) (YUAN)
43—44	0.385	100.99	100.78	97.769	97.384	3.22	3.40	597.0	105.0	0.726	98.106	97.721	0.337	47394.0
44—45	0.519	100.78	100.59	97.284	96.766	3.50	3.82	597.0	105.0	0.726	97.596	97.077	0.312	61604.6
45—46	0.559	102.19	101.74	99.980	99.421	2.21	2.32	597.0	105.0	0.726	100.202	99.643	0.222	57312.0
46—47	0.419	101.74	101.27	99.354	98.935	2.39	2.34	597.0	105.0	0.726	99.643	99.225	0.290	45849.6
47—48	0.422	101.27	100.81	98.884	98.462	2.39	2.35	597.0	105.0	0.726	99.225	98.803	0.341	53713.2
48—49	0.481	100.81	100.44	98.460	97.978	2.35	2.46	597.0	105.0	0.726	98.803	98.322	0.343	61604.6
49—50	0.367	100.44	100.09	97.939	97.572	2.50	2.52	597.0	105.0	0.726	98.322	97.955	0.382	60342.0
50—51	0.780	101.73	101.39	99.630	98.850	2.10	2.54	597.0	105.0	0.726	99.735	98.955	0.105	34710.0
51—52	0.511	101.39	101.06	98.808	98.297	2.58	2.76	597.0	105.0	0.726	98.955	98.444	0.147	32040.0
52—53	0.423	101.06	100.78	98.255	97.832	2.81	2.95	597.0	105.0	0.726	98.444	98.021	0.189	32040.0
53—54	0.372	100.78	100.45	97.809	97.437	2.97	3.01	597.0	105.0	0.726	98.021	97.649	0.211	34387.2
54—55	0.335	100.45	100.18	97.391	97.056	3.06	3.12	597.0	105.0	0.726	97.649	97.313	0.257	34387.2
54—55	0.660	101.50	101.20	99.850	99.190	1.65	2.01	568.0	130.0	0.855	99.940	99.280	0.090	21791.0
55—56	0.368	101.20	100.97	99.086	98.718	2.11	2.25	568.0	130.0	0.855	99.280	98.912	0.194	29370.0
56—57	0.284	100.97	100.70	98.690	98.406	2.28	2.29	568.0	130.0	0.855	98.912	98.628	0.221	24030.0
57—58	0.278	100.70	100.41	98.339	98.061	2.36	2.35	568.0	130.0	0.855	98.628	98.350	0.289	34387.2
58—59	0.336	100.41	100.12	98.011	97.676	2.40	2.44	568.0	130.0	0.855	98.293	97.957	0.281	37915.2
59—60	0.339	101.00	100.81	98.360	98.021	2.64	2.79	568.0	130.0	0.855	98.528	98.189	0.168	24030.0
60—61	0.331	100.81	100.51	97.953	97.622	2.86	2.89	568.0	130.0	0.855	98.189	97.858	0.236	34387.2
61—62	0.304	100.51	100.20	97.568	97.264	2.94	2.94	568.0	130.0	0.855	97.858	97.554	0.290	34387.2

8 点设中途泵站提升至 3.80m 结果

NO.N N	F(N) (hm²)	QB(N) (L/s)	QW(N) (L/s)	Q(N) (L/s)	KZ(N)	QK(N) (L/s)	QJB(N) (L/s)	QJ(N) (L/s)	L(N) (m)	QS(N) (L/s)	D(N) (mm)	I(N) (0/00)	V(N) (m/s)	H/D(N) (m/m)
1—2	31.27	22.69	70.02	92.71	1.64	152.09	0.00	0.00	540.0	152.09	600	1.32	0.800	0.637
2—3	11.23	8.15	0.00	100.85	1.63	163.93	0.00	0.00	440.0	163.93	600	1.31	0.810	0.673
3—4	9.45	6.86	87.74	195.45	1.51	295.38	29.17	0.00	420.0	324.55	900	0.84	0.820	0.597
4—5	7.48	5.43	0.00	200.88	1.51	302.67	0.00	29.17	400.0	331.84	900	0.86	0.830	0.602
5—6	6.60	4.79	0.00	205.67	1.50	309.09	0.00	29.17	400.0	338.26	900	0.87	0.840	0.605
6—7	4.60	3.34	0.00	209.00	1.50	313.55	0.00	29.17	280.0	342.72	900	0.89	0.850	0.606
7—8	4.22	3.84	28.79	241.63	1.48	356.75	50.00	29.17	300.0	435.92	1000	0.79	0.860	0.615
8—9	3.07	2.79	286.52	289.31	1.45	418.77	79.17	0.00	500.0	497.94	1000	0.62	0.800	0.739
9—10	2.11	1.92	0.00	291.23	1.45	421.24	0.00	79.17	140.0	500.41	1000	0.64	0.810	0.733
10—11	5.58	5.07	0.00	296.30	1.44	427.76	0.00	79.17	340.0	506.93	1000	0.66	0.820	0.735
11—12	6.12	5.56	39.11	340.97	1.42	484.71	0.00	79.17	400.0	563.88	1000	0.79	0.900	0.744
12—13	7.28	6.62	0.00	347.59	1.42	493.07	0.00	79.17	280.0	572.24	1000	0.80	0.910	0.747
13—14	4.40	4.00	0.00	351.59	1.42	498.12	0.00	79.17	280.0	577.29	1000	0.82	0.920	0.745
14—15	0.00	0.00	620.13	620.13	1.33	825.42	99.45	0.00	500.0	924.87	1400	0.54	0.900	0.634

续表

NO.N N	HIL(N) (m)	H(N) SHANG	H(N+1) XIA	HG(N,2) SHANG	HG(N+1,1) XIA	HMN2 SHANG	HMN11 XIA	MM(N) (人/hm²)	WB(N) (L/人·d)	QO(N) (L/s·hm²)	HS(N,2) SHANG	HS(N+1,1) XIA	HH(N) (m)	ZJ(N) (YUAN)
1—2	0.712	100.59	100.23	96.770	96.058	3.82	4.17	597.0	105.0	0.726	97.152	96.440	0.382	97842.6
2—3	0.577	100.23	100.09	96.037	95.460	4.19	4.63	597.0	105.0	0.726	96.440	95.863	0.404	124876.4
3—4	0.353	100.09	100.16	95.326	94.973	4.76	5.19	597.0	105.0	0.726	95.863	95.511	0.537	152859.0
4—5	0.343	100.16	100.25	94.969	94.627	5.19	5.62	597.0	105.0	0.726	95.511	95.168	0.541	145580.0
5—6	0.350	100.25	100.24	94.624	94.274	5.63	5.97	597.0	105.0	0.726	95.168	94.818	0.544	145580.0
6—7	0.250	100.24	100.18	94.273	94.023	5.97	6.16	597.0	105.0	0.726	94.818	94.568	0.545	150936.8
7—8	0.236	100.18	100.12	93.953	93.717	6.23	6.40	568.0	130.0	0.855	94.568	94.332	0.615	182349.6
8—9	0.311	100.12	100.13	96.320	96.009	3.80	4.12	568.0	130.0	0.855	98.419	98.107	0.739	164870.0
9—10	0.090	100.13	100.14	96.009	95.919	4.12	4.22	568.0	130.0	0.855	98.102	98.012	0.733	46163.6
10—11	0.223	100.14	100.21	95.918	95.695	4.22	4.52	568.0	130.0	0.855	98.012	97.790	0.735	112111.6
11—12	0.315	100.21	100.24	95.686	95.371	4.52	4.87	568.0	130.0	0.855	97.790	97.475	0.744	131896.0
12—13	0.225	100.24	100.26	95.368	95.143	4.87	5.12	568.0	130.0	0.855	97.475	97.250	0.747	92327.2
13—14	0.230	100.26	100.27	95.143	94.913	5.12	5.32	568.0	130.0	0.855	97.249	97.019	0.745	92327.2
14—15	0.270	100.27	100.30	95.410	95.140	4.86	5.16	568.0	130.0	0.855	96.297	96.027	0.887	314625.0

ZMJ (hm²)	ZGC (m)	ZZJ (YUAN)	GWMD (m/hm²)	DWZJ (YUAN/M)	ZRK (REN)	ZQS (L/s)	PJGJ (m)	PJPD (0/00)
769.14	20660.0	4699614.0	26.86	227.47	461548.	924.867	0.65809	0.7948

附录6-1 污水管道水力计算表中各符号含义

NO.N——序号；

F(N)——面积,hm^2；

QB(N)——本段平均流量,L/s；

QW(N)——本段转输平均流量,L/s；

Q(N)——本段合计平均流量,L/s；

KZ(N)——总变化系数；

QK(N)——本段生活污水设计流量,L/s；

QJB(N)——本段集中流量,L/s；

QJ(N)——本段转输集中流量,L/s；

L(N)——管长,m；

QS(N)——管段设计流量,L/s；

D(N)——管径,mm；

I(N)——坡度,0/00；

V(N)——流速,m/s；

H/D(N)——充满度；

HIL(N)——管段坡降,m；

H(N)——管段上端地面标高,m；

H(N+1)——管段下端地面标高,m；

HG(N,2)——管段上端管底标高,m；

HG(N+1,1)——管段下端管底标高,m；

HMN2——管段上端埋深,m；

HMN11——管段下端埋深,m；

MM(N)——人口密度,人/hm^2；

WB(N)——污水量标准,L/(人·d)；

QO(N)——比流量,L/(s·hm^2)；

HS(N,2)——管段上端水面标高,m；

HS(N+1,1)——管道下端水面标高,m；

ZJ(N)——造价,YUAN；

ZMJ——总面积,hm^2；

ZGC——总管长,m；

ZZJ——总造价,YUAN；

GWMD——管网密度,m/hm^2；

HH(N)——管内水深,m;   DWZJ——单位造价,YUAN/m;

ZRK——总人口,REN;   ZQS——设计流量,L/s;

PJGJ——平均管径,mm;   PJPD——平均坡度,(0/00)。

雨水干管1计算结果   附录表6-3

NO. N N	L(N) (m)	D(N) (mm)	F(N) (hm²)	V(N) (m/s)	I(N) (0/00)	Q0(N) (L/s·hm²)	QS(N) (L/s)	Q(N) (L/s)	HIL(N) (m)	T2(N-1) (min)	L(N)/V(N) (min)
1—2	70.0	400	0.99	0.750	2.05	89.34	88.4	94.2	0.143	0.00	1.56
2—3	85.0	500	2.24	0.895	2.17	78.47	175.8	175.8	0.184	1.56	1.58
3—4	110.0	600	3.88	0.962	1.96	70.09	272.0	272.0	0.216	3.14	1.91
4—5	135.0	700	5.88	0.972	1.63	62.33	366.5	374.0	0.220	5.04	2.32
5—6	110.0	800	8.58	0.982	1.39	55.16	473.2	493.5	0.153	7.36	1.87
6—7	160.0	900	14.04	1.117	1.54	50.60	710.4	710.4	0.246	9.23	2.39
7—8	180.0	1000	19.02	1.111	1.32	45.87	872.5	872.5	0.238	11.61	2.70
8—9	200.0	1100	24.63	1.100	1.14	41.60	1024.5	1045.4	0.229	14.32	3.03
9—10	200.0	1100	29.67	1.179	1.31	37.76	1120.2	1120.2	0.263	17.35	2.83
10—11	200.0	1200	35.27	1.100	1.02	34.83	1228.4	1244.1	0.204	20.17	3.03
11—12	200.0	1200	39.91	1.137	1.09	32.21	1285.6	1285.6	0.217	23.20	2.93
12—13	100.0	1200	44.87	1.193	1.20	30.07	1349.3	1349.3	0.120	26.14	1.40
13—14	240.0	1200	48.76	1.257	1.33	29.16	1421.8	1421.8	0.319	27.53	3.18

NO. N N	H(N) (m)	H(N+1) (m)	HG(N,2) (m)	HG(N+1,1) (m)	HM(N,2) (m)	HM(N+1,1) (m)	ZJ(N) (YUAN)
1—2	102.210	102.130	100.560	100.417	1.650	1.713	7536.9
2—3	102.130	102.020	100.317	100.132	1.813	1.888	10303.7
3—4	102.020	101.850	100.032	99.817	1.988	2.033	19930.9
4—5	101.850	101.630	99.717	99.496	2.133	2.133	27153.9
5—6	101.630	101.530	99.396	99.243	2.233	2.287	24845.7
6—7	101.530	101.500	99.143	98.897	2.387	2.603	40014.4
7—8	101.500	101.460	98.797	98.559	2.703	2.901	59353.2
8—9	101.460	101.260	98.459	98.230	3.001	3.030	73022.0
9—10	101.260	101.070	98.230	97.967	3.030	3.103	73022.0
10—11	101.070	100.560	97.867	97.664	3.203	2.896	85606.0
11—12	100.560	100.400	97.664	97.446	2.896	2.954	85606.0
12—13	100.400	100.190	97.446	97.326	2.954	2.864	42803.0
13—14	100.190	99.800	97.326	97.007	2.864	2.793	102727.2

ZJN = 651924.90(YUAN)

ZLN = 1990.00(m)

雨水干管 2 计算结果

附录表 6-4

NO.N N	L(N) (m)	D(N) (mm)	F(N) (hm²)	V(N) (m/s)	I(N) (0/00)	Q0(N) (L/s·hm²)	QS(N) (L/s)	Q(N) (L/s)	HIL(N) (m)	T2(N-1) (min)	L(N)/V(N) (min)
1—2	145.0	450	1.36	0.764	1.82	89.34	121.5	121.5	0.263	0.00	3.16
2—3	80.0	500	2.51	0.895	2.16	69.97	175.6	175.6	0.173	3.16	1.49
3—4	75.0	600	4.37	0.985	2.06	63.76	278.6	278.6	0.154	4.65	1.27
4—5	70.0	700	6.50	1.003	1.74	59.37	385.9	385.9	0.122	5.92	1.16
5—6	200.0	800	9.38	1.043	1.57	55.91	524.4	524.4	0.315	7.09	3.20
6—7	100.0	800	11.98	1.153	1.92	48.38	579.6	579.6	0.192	10.28	1.45
7—8	70.0	900	15.21	1.100	1.49	45.67	694.7	699.8	0.105	11.73	1.06
8—9	70.0	900	18.27	1.261	1.96	43.90	802.0	802.0	0.137	12.79	0.93
9—10	85.0	1000	21.70	1.173	1.48	42.47	921.6	921.6	0.126	13.71	1.21
10—11	100.0	1100	25.82	1.107	1.16	40.76	1052.4	1052.4	0.116	14.92	1.50
11—12	120.0	1200	30.62	1.100	1.02	38.83	1189.1	1244.1	0.122	16.42	1.82
12—13	100.0	1200	36.32	1.181	1.17	36.77	1335.4	1335.4	0.117	18.24	1.41
13—14	85.0	1200	40.97	1.280	1.38	35.33	1447.3	1447.3	0.117	19.65	1.11
14—15	120.0	1350	48.56	1.163	0.97	34.28	1664.8	1664.8	0.117	20.76	1.72
15—16	140.0	1350	54.50	1.249	1.12	32.79	1787.3	1787.3	0.157	22.48	1.87
16—17	150.0	1500	61.92	1.100	0.76	31.33	1940.2	1943.9	0.113	24.35	2.27
17—18	140.0	1500	70.47	1.186	0.88	29.75	2096.2	2096.2	0.123	26.62	1.97
18—19	40.0	1650	79.05	1.100	0.67	28.51	2253.8	2352.1	0.027	28.59	0.61
19—20	110.0	1650	87.33	1.150	0.73	28.15	2458.7	2458.7	0.080	29.20	1.59
20—21	50.0	1650	94.81	1.209	0.80	27.26	2584.7	2584.7	0.040	30.79	0.69
21—22	70.0	1800	101.22	1.100	0.59	26.90	2722.3	2799.2	0.042	31.48	1.06
22—23	220.0	1800	109.04	1.129	0.62	26.35	2873.5	2873.5	0.137	32.54	3.25

NO.N N	H(N) (m)	H(N+1) (m)	HG(N,2) (m)	HG(N+1,1) (m)	HM(N,2) (m)	HM(N+1,1) (m)	ZJ(N) (YUAN)
1—2	102.850	102.710	101.200	100.937	1.650	1.773	15612.1
2—3	102.710	102.630	100.887	100.714	1.823	1.916	9697.6
3—4	102.630	102.530	100.614	100.459	2.016	2.071	13589.3
4—5	102.530	102.450	100.359	100.238	2.171	2.212	14079.8
5—6	102.450	102.290	100.138	99.823	2.312	2.467	45174.0
6—7	102.290	102.210	99.823	99.631	2.467	2.579	22587.0
7—8	102.210	102.150	99.531	99.426	2.679	2.724	17506.3
8—9	102.150	102.090	99.426	99.289	2.724	2.801	17506.3
9—10	102.090	102.010	99.189	99.063	2.901	2.947	28027.9
10—11	102.010	101.890	98.963	98.848	3.047	3.042	36511.0
11—12	101.890	101.740	98.748	98.625	3.142	3.115	51363.6
12—13	101.740	101.620	98.625	98.508	3.115	3.112	42803.0
13—14	101.620	101.508	98.508	98.391	3.112	3.117	36382.6
14—15	101.508	101.317	98.241	98.124	3.267	3.193	54518.4
15—16	101.317	101.098	98.124	97.967	3.193	3.131	63604.8
16—17	101.098	100.887	97.817	97.704	3.281	3.183	93313.5
17—18	100.887	100.667	97.704	97.581	3.183	3.086	87092.6
18—19	100.667	100.609	97.431	97.404	3.236	3.205	30731.9
19—20	100.609	100.422	97.404	97.324	3.205	3.098	84501.9
20—21	100.422	100.343	97.324	97.284	3.098	3.059	38414.5
21—22	100.343	100.169	97.134	97.092	3.209	3.077	80500.0
22—23	100.169	99.970	97.092	96.955	3.077	3.015	253000.0

ZJN = 1136528.00(YUAN)　　ZLN = 2340.00(m)

雨水干管 3 计算结果

附录表 6-5

NO.N N	L(N) (m)	D(N) (mm)	F(N) (hm²)	V(N) (m/s)	I(N) (0/00)	Q0(N) (L/s·hm²)	QS(N) (L/s)	Q(N) (L/s)	HIL(N) (m)	T2(N-1) (min)	L(N)/V(N) (min)
1—2	65.0	450	1.48	0.831	2.15	89.34	132.2	132.2	0.140	0.00	1.30
2—3	90.0	600	2.70	0.841	1.50	80.03	216.1	237.9	0.135	1.30	1.78
3—4	200.0	700	5.63	1.029	1.83	70.34	396.0	396.0	0.366	3.09	3.24
4—5	70.0	700	8.13	1.228	2.60	58.12	472.5	472.5	0.182	6.33	0.95
5—6	90.0	800	10.18	1.122	1.82	55.38	563.8	563.8	0.164	7.28	1.34
6—7	100.0	900	13.51	1.104	1.51	52.00	702.5	702.5	0.151	8.61	1.51
7—8	120.0	1000	17.31	1.100	1.30	48.70	843.0	863.9	0.156	10.12	1.82
8—9	130.0	1100	21.87	1.100	1.14	45.30	990.7	1045.4	0.149	11.94	1.97
9—10	140.0	1100	26.81	1.190	1.34	42.18	1130.8	1130.8	0.187	13.91	1.96
10—11	150.0	1200	32.13	1.123	1.06	39.52	1269.7	1269.7	0.159	15.87	2.23
11—12	100.0	1200	37.83	1.235	1.28	36.92	1396.8	1396.8	0.128	18.10	1.35
12—13	150.0	1350	41.63	1.100	0.87	35.53	1479.1	1574.5	0.131	19.45	2.27
13—14	115.0	1350	47.33	1.106	0.88	33.44	1582.5	1582.5	0.101	21.72	1.73
14—15	160.0	1350	53.13	1.188	1.02	32.02	1701.0	1701.0	0.163	23.45	2.24
15—16	100.0	1350	59.10	1.254	1.13	30.37	1794.9	1794.9	0.113	25.70	1.33
16—17	185.0	1500	65.31	1.100	0.76	29.48	1925.5	1943.9	0.140	27.03	2.80
17—18	180.0	1500	71.43	1.123	0.79	27.79	1985.1	1985.1	0.142	29.83	2.67
18—19	190.0	1500	77.91	1.163	0.84	26.37	2054.7	2054.7	0.161	32.50	2.72
19—20	100.0	1500	84.75	1.203	0.90	25.09	2126.0	2126.0	0.090	35.22	1.39
20—21	200.0	1500	88.35	1.224	0.94	24.48	2163.1	2163.1	0.187	36.61	2.72

NO.N N	H(N) (m)	H(N+1) (m)	HG(N,2) (m)	HG(N+1,1) (m)	HM(N,2) (m)	HM(N+1,1) (m)	ZJ(N) (YUAN)
1—2	103.123	103.061	101.473	101.333	1.650	1.728	6998.5
2—3	103.061	103.986	101.183	101.048	1.878	2.938	16307.1
3—4	103.986	102.795	100.948	100.583	3.038	2.212	40228.0
4—5	102.795	102.716	100.583	100.400	2.212	2.316	14079.8
5—6	102.716	102.616	100.300	100.137	2.416	2.479	20328.3
6—7	102.616	102.468	100.037	99.886	2.579	2.582	25009.0
7—8	102.468	102.331	99.786	99.630	2.682	2.701	39568.8
8—9	102.331	102.169	99.530	99.382	2.801	2.787	47464.3
9—10	102.169	101.978	99.382	99.194	2.787	2.784	51115.4
10—11	101.978	101.761	99.094	98.935	2.884	2.826	64204.5
11—12	101.761	101.569	98.935	98.807	2.826	2.762	42803.0
12—13	101.569	101.440	98.657	98.526	2.912	2.914	68148.0
13—14	101.440	101.319	98.526	98.425	2.914	2.894	52246.8
14—15	101.319	101.114	98.425	98.263	2.894	2.851	72691.2
15—16	101.114	101.000	98.263	98.150	2.851	2.850	45432.0
16—17	101.000	100.782	98.000	97.860	3.000	2.922	115086.7
17—18	100.782	100.551	97.860	97.718	2.922	2.833	111976.2
18—19	100.551	100.321	97.718	97.557	2.833	2.764	118197.1
19—20	100.321	100.192	97.557	97.467	2.764	2.725	62209.0
20—21	100.192	99.970	97.467	97.280	2.725	2.690	1244180

ZJN = 1138512.00(YUAN)

ZLN = 2635.00(m)

雨水干管 4 计算结果

附录表 6-6

NO. N N	L(N) (m)	D(N) (mm)	F(N) (hm²)	V(N) (m/s)	I(N) (0/00)	Q0(N) (L/s·hm²)	QS(N) (L/s)	Q(N) (L/s)	HIL(N) (m)	T2(N-1) (min)	L(N)/V(N) (min)
1—2	100.0	350	0.89	0.826	2.97	89.34	79.5	79.5	0.297	0.00	2.02
2—3	75.0	500	2.14	0.836	1.89	75.80	162.2	164.2	0.142	2.02	1.49
3—4	140.0	600	3.64	0.881	1.64	68.40	249.0	249.0	0.230	3.51	2.65
4—5	100.0	700	5.71	0.891	1.37	58.62	334.7	342.7	0.137	6.16	1.87
5—6	110.0	800	8.22	0.901	1.17	53.41	439.0	452.7	0.129	8.03	2.04
6—7	120.0	900	11.74	0.911	1.02	48.81	573.0	579.3	0.123	10.07	2.20
7—8	130.0	1000	15.58	0.921	0.91	44.75	697.2	723.0	0.118	12.26	2.35
8—9	150.0	1000	19.74	1.035	1.15	41.17	812.8	812.8	0.172	14.62	2.42
9—10	160.0	1000	24.54	1.191	1.52	38.11	935.3	935.3	0.243	17.03	2.24
10—11	170.0	1100	29.66	1.114	1.17	35.70	1059.0	1059.0	0.199	19.27	2.54
11—12	175.0	1100	34.93	1.226	1.42	33.35	1165.0	1165.0	0.249	21.82	2.38
12—13	130.0	1200	40.36	1.122	1.06	31.45	1269.3	1269.3	0.138	24.19	1.93
13—14	70.0	1200	46.15	1.227	1.27	30.08	1388.1	1388.1	0.089	26.13	0.95
14—15	180.0	1350	49.83	1.100	0.87	29.45	1467.5	1574.5	0.157	27.08	2.73
15—16	200.0	1350	55.41	1.100	0.87	27.81	1540.8	1574.5	0.174	29.80	3.03
16—17	200.0	1350	60.97	1.116	0.90	26.21	1597.8	1597.8	0.179	32.83	2.99
17—18	120.0	1350	66.52	1.154	0.96	24.82	1651.2	1651.2	0.115	35.82	1.73

NO. N N	H(N) (m)	H(N+1) (m)	HG(N,2) (m)	HG(N+1,1) (m)	HM(N,2) (m)	HM(N+1,1) (m)	ZJ(N) (YUAN)
1—2	103.399	103.333	101.749	101.452	1.650	1.881	9905.0
2—3	103.333	103.277	101.302	101.160	2.031	2.117	11848.5
3—4	103.277	103.136	101.060	100.830	2.217	2.306	25366.6
4—5	103.136	103.025	100.730	100.593	2.406	2.432	20114.0
5—6	103.025	102.880	100.493	100.364	2.532	2.516	24845.7
6—7	102.880	102.709	100.264	100.141	2.616	2.568	30010.8
7—8	102.709	102.504	100.041	99.923	2.668	2.581	42866.2
8—9	102.504	102.262	99.923	99.750	2.581	2.512	49461.0
9—10	102.262	102.000	99.750	99.507	2.512	2.493	52758.4
10—11	102.000	101.795	99.407	99.207	2.593	2.588	62068.7
11—12	101.795	101.596	99.207	98.959	2.588	2.637	63894.2
12—13	101.596	101.448	98.859	98.721	2.737	2.727	55643.9
13—14	101.448	101.366	98.721	98.632	2.727	2.734	29962.1
14—15	101.366	101.169	98.482	98.326	2.884	2.843	81777.6
15—16	101.169	100.906	98.326	98.152	2.843	2.754	90864.0
16—17	100.906	100.720	98.152	97.972	2.754	2.748	90864.0
17—18	100.720	100.569	97.972	97.858	2.748	2.711	54518.4

ZJN = 796769.10(YUAN)

ZLN = 2330.00(m)

雨水干管 5 计算结果

附录表 6-7

NO.N N	L(N) (m)	D(N) (mm)	F(N) (hm²)	V(N) (m/s)	I(N) (0/00)	Q0(N) (L/s·hm²)	QS(N) (L/s)	Q(N) (L/s)	HIL(N) (m)	T2(N-1) (min)	L(N)/V(N) (min)
1—2	75.0	450	1.31	0.750	1.75	89.34	117.0	119.3	0.131	0.00	1.67
2—3	140.0	600	2.63	0.800	1.36	77.81	204.6	226.2	0.190	1.67	2.92
3—4	100.0	700	4.96	0.825	1.18	64.02	317.6	317.6	0.118	4.58	2.02
4—5	110.0	800	8.10	0.923	1.23	57.29	464.0	464.0	0.135	6.60	1.99
5—6	110.0	900	11.60	0.949	1.11	52.05	603.8	603.8	0.122	8.59	1.93
6—7	120.0	1000	15.45	0.959	0.99	47.90	740.1	753.3	0.118	10.52	2.09
7—8	130.0	1000	19.65	1.106	1.31	44.19	868.3	868.3	0.171	12.61	1.96
8—9	140.0	1100	24.15	1.100	1.14	41.25	996.1	1045.4	0.160	14.57	2.12
9—10	150.0	1100	29.05	1.178	1.31	38.52	1119.0	1119.0	0.197	16.69	2.12
10—11	155.0	1200	34.30	1.100	1.02	36.17	1240.7	1244.1	0.158	18.81	2.35
11—12	160.0	1200	39.73	1.192	1.20	33.93	1347.9	1347.9	0.191	21.16	2.24
12—13	170.0	1200	45.33	1.285	1.39	32.06	1453.3	1453.3	0.236	23.40	2.20
13—14	70.0	1350	51.28	1.100	0.87	30.44	1560.8	1574.5	0.061	25.60	1.06
14—15	160.0	1350	55.92	1.161	0.97	29.72	1662.0	1662.0	0.155	26.66	2.30
15—16	180.0	1350	61.35	1.213	1.06	28.29	1735.8	1735.8	0.190	28.96	2.47
16—17	190.0	1500	67.48	1.100	0.76	26.92	1816.6	1943.9	0.144	31.43	2.88
17—18	190.0	1500	73.61	1.100	0.76	25.50	1877.1	1943.9	0.144	34.31	2.88
18—19	290.0	1500	78.79	1.100	0.76	24.24	1910.0	1943.9	0.219	37.19	4.39

NO.N N	H(N) (m)	H(N+1) (m)	HG(N,2) (m)	HG(N+1,1) (m)	HM(N,2) (m)	HM(N+1,1) (m)	ZJ(N) (YUAN)
1—2	103.507	103.493	101.857	101.726	1.650	1.767	8075.3
2—3	103.493	103.280	101.576	101.386	1.917	1.894	21151.2
3—4	103.280	103.174	101.286	101.168	1.994	2.006	20114.0
4—5	103.174	103.020	101.068	100.933	2.106	2.087	24845.7
5—6	103.020	105.850	100.833	100.710	2.187	5.140	27509.9
6—7	105.850	102.650	100.610	100.492	5.240	2.158	39568.8
7—8	102.650	102.439	100.492	100.321	2.158	2.118	42866.2
8—9	102.439	102.222	100.221	100.061	2.218	2.161	51115.4
9—10	102.222	102.000	100.061	99.865	2.161	2.135	54766.5
10—11	102.000	101.831	99.765	99.607	2.235	2.224	66344.6
11—12	101.831	101.689	99.607	99.416	2.224	2.273	68484.8
12—13	101.689	101.526	99.416	99.179	2.273	2.347	72765.1
13—14	101.526	101.471	99.029	98.969	2.497	2.502	31802.4
14—15	101.471	101.302	98.969	98.813	2.502	2.489	72691.2
15—16	101.302	101.095	98.813	98.623	2.489	2.472	81777.6
16—17	101.095	101.095	98.473	98.329	2.622	2.766	118197.1
17—18	101.095	100.720	98.329	98.186	2.766	2.534	118197.1
18—19	100.720	100.720	98.186	97.966	2.534	2.754	180406.1

ZJN = 1100679.00(YUAN)

ZLN = 2640.00(m)

附 录 171

雨水干管 4 和 5 计算结果　　　　　　　　　　附录表 6-8

NO. N N	L(N) (m)	D(N) (mm)	F(N) (hm²)	V(N) (m/s)	I(N) (0/00)	Q0(N) (L/s·hm²)	QS(N) (L/s)	Q(N) (L/s)	HIL(N) (m)	T2(N-1) (min)	L(N)/V(N) (min)
1—2	75.0	400	0.99	0.750	2.05	89.34	88.4	94.2	0.154	0.00	1.67
2—3	140.0	500	2.24	0.888	2.13	77.81	174.3	174.3	0.298	1.67	2.63
3—4	100.0	600	3.88	0.898	1.71	65.14	252.7	253.8	0.171	4.30	1.86
4—5	110.0	700	6.08	0.927	1.48	58.65	356.6	356.6	0.163	6.15	1.98
5—6	120.0	800	8.60	0.937	1.27	53.16	457.2	470.8	0.152	8.13	2.14
6—7	130.0	900	12.44	0.947	1.11	48.41	602.2	602.2	0.144	10.27	2.29
7—8	150.0	1000	16.60	0.957	0.98	44.27	734.9	751.3	0.147	12.55	2.61
8—9	160.0	1000	21.40	1.102	1.30	40.43	865.1	865.1	0.208	15.17	2.42
9—10	170.0	1100	26.52	1.100	1.14	37.48	994.0	1045.4	0.194	17.59	2.58
10—11	175.0	1100	31.79	1.165	1.28	34.84	1107.5	1107.5	0.225	20.17	2.50
11—12	130.0	1200	37.22	1.100	1.02	32.64	1214.9	1244.1	0.132	22.67	1.97
12—13	70.0	1200	42.32	1.165	1.14	31.12	1317.1	1317.1	0.080	24.64	1.00
13—14	180.0	1200	47.50	1.277	1.37	30.41	1444.5	1444.5	0.247	25.64	2.35
14—15	200.0	1350	53.08	1.100	0.87	28.88	1532.8	1574.5	0.174	27.99	3.03
15—16	200.0	1350	58.64	1.112	0.89	27.14	1591.4	1591.4	0.178	31.02	3.00
16—17	160.0	2000	143.15	1.168	0.58	25.64	3670.0	3670.0	0.093	34.02	2.28
17—18	160.0	2000	149.23	1.169	0.58	24.62	3673.3	3673.3	0.093	36.30	2.28
18—19	180.0	2000	155.31	1.171	0.58	23.68	3678.1	3678.1	0.105	38.58	2.56
19—20	290.0	2000	162.15	1.173	0.59	22.73	3684.9	3684.9	0.170	41.14	4.12

NO. N N	H(N) (m)	H(N+1) (m)	HG(N,2) (m)	HG(N+1,1) (m)	HM(N,2) (m)	HM(N+1,1) (m)	ZJ(N) (YUAN)
1—2	103.333	103.277	101.683	101.529	1.650	1.748	8075.3
2—3	103.277	103.136	101.429	101.131	1.848	2.005	16970.8
3—4	103.136	103.025	101.031	100.860	2.105	2.165	18119.0
4—5	103.025	102.880	100.760	100.597	2.265	2.283	22125.4
5—6	102.880	102.709	100.497	100.345	2.383	2.364	27104.4
6—7	102.709	102.504	100.245	100.101	2.464	2.403	32511.7
7—8	102.504	102.262	100.001	99.854	2.503	2.408	49461.0
8—9	102.262	102.000	99.854	99.646	2.408	2.354	52758.4
9—10	102.000	101.795	99.546	99.351	2.454	2.444	62068.7
10—11	101.795	101.596	99.351	99.127	2.444	2.469	63894.2
11—12	101.596	101.448	99.027	98.894	2.569	2.554	55643.9
12—13	101.448	101.366	98.894	98.814	2.554	2.552	29962.1
13—14	101.366	101.169	98.814	98.567	2.552	2.602	77045.4
14—15	101.169	100.906	98.417	98.243	2.752	2.663	90864.0
15—16	100.906	100.720	98.243	98.065	2.663	2.655	90864.0
16—17	100.720	100.530	97.415	97.322	3.305	3.208	288000.0
17—18	100.530	100.340	97.322	97.229	3.208	3.111	288000.0
18—19	100.340	100.125	97.229	97.124	3.111	3.001	324000.0
19—20	100.125	99.900	97.124	96.954	3.001	2.946	522000.0

ZJN = 2119468.00(YUAN)

ZLN = 2900.00(m)

雨水干管6计算结果　　　　　　　　附录表6-9

NO.N N	L(N) (m)	D(N) (mm)	F(N) (hm²)	V(N) (m/s)	I(N) (0/00)	Q0(N) (L/s·hm²)	QS(N) (L/s)	Q(N) (L/s)	HIL(N) (m)	T2(N-1) (min)	L(N)/V(N) (min)
1—2	50.0	400	0.99	0.750	2.05	89.34	88.4	94.2	0.102	0.00	1.11
2—3	100.0	500	2.24	0.927	2.32	81.26	182.0	182.0	0.232	1.11	1.80
3—4	80.0	600	3.74	0.942	1.88	71.18	266.2	266.2	0.150	2.91	1.42
4—5	100.0	700	5.74	0.970	1.62	65.02	373.2	373.2	0.162	4.33	1.72
5—6	110.0	800	8.24	0.980	1.39	58.99	486.0	492.5	0.153	6.04	1.87
6—7	120.0	900	11.10	0.990	1.21	53.70	596.1	629.7	0.145	7.91	2.02
7—8	130.0	900	14.37	1.109	1.52	49.08	705.3	705.3	0.197	9.94	1.95
8—9	140.0	1000	18.04	1.100	1.30	45.39	818.8	863.9	0.182	11.89	2.12
9—10	150.0	1000	22.17	1.186	1.51	42.03	931.8	931.8	0.227	14.01	2.11
10—11	160.0	1100	26.75	1.104	1.15	39.21	1048.9	1048.9	0.184	16.12	2.42
11—12	175.0	1100	31.88	1.223	1.41	36.46	1162.3	1162.3	0.247	18.53	2.38
12—13	190.0	1200	37.15	1.121	1.06	34.14	1268.3	1268.3	0.201	20.92	2.82
13—14	200.0	1200	42.51	1.195	1.20	31.79	1351.5	1351.5	0.240	23.74	2.79
14—15	155.0	1200	47.89	1.262	1.34	29.81	1427.4	1427.4	0.208	26.53	2.05
15—16	200.0	1350	53.31	1.100	0.87	28.52	1520.3	1574.5	0.174	28.58	3.03
16—17	200.0	1350	58.51	1.100	0.87	26.83	1569.7	1574.5	0.174	31.61	3.03
17—18	160.0	1350	63.71	1.128	0.92	25.35	1615.0	1615.0	0.146	34.64	2.36
18—19	95.0	1350	68.11	1.157	0.96	24.32	1656.3	1656.3	0.091	37.00	1.37
19—20	100.0	1350	73.34	1.218	1.07	23.76	1742.9	1742.9	0.107	38.37	1.37
20—21	110.0	1500	78.84	1.100	0.76	23.24	1832.0	1943.9	0.083	39.74	1.67
21—22	120.0	1500	84.89	1.100	0.76	22.63	1921.2	1943.9	0.091	41.41	1.82
22—23	75.0	1500	91.49	1.139	0.81	22.01	2013.6	2013.6	0.061	43.23	1.10
23—24	120.0	1500	95.89	1.175	0.86	21.65	2076.3	2076.3	0.104	44.32	1.70

NO.N N	H(N) (m)	H(N+1) (m)	HG(N,2) (m)	HG(N+1,1) (m)	HM(N,2) (m)	HM(N+1,1) (m)	ZJ(N) (YUAN)
1—2	103.696	103.609	102.046	101.944	1.650	1.665	5383.5
2—3	103.609	103.446	101.844	101.611	1.765	1.835	12122.0
3—4	103.446	103.304	101.511	101.361	1.935	1.943	12086.4
4—5	103.304	103.127	101.261	101.098	2.043	2.029	20114.0
5—6	103.127	102.814	100.998	100.846	2.129	1.968	24845.7
6—7	102.814	102.750	100.746	100.601	2.068	2.149	30010.8
7—8	102.750	102.561	100.601	100.403	2.149	2.158	32511.7
8—9	102.561	102.376	100.303	100.122	2.258	2.254	46163.6
9—10	102.376	102.215	100.122	99.895	2.254	2.320	49461.0
10—11	102.215	102.071	99.795	99.611	2.420	2.460	58417.6
11—12	102.071	101.914	99.611	99.364	2.460	2.550	63894.2
12—13	101.914	101.776	99.264	99.062	2.650	2.714	81325.7
13—14	101.776	101.561	99.062	98.822	2.714	2.739	85606.0
14—15	101.561	101.368	98.822	98.614	2.739	2.754	66344.6
15—16	101.368	101.096	98.464	98.290	2.904	2.806	90864.0

续表

NO. N N	H(N) (m)	H(N+1) (m)	HG(N,2) (m)	HG(N+1,1) (m)	HM(N,2) (m)	HM(N+1,1) (m)	ZJ(N) (YUAN)
16—17	101.096	100.888	98.290	98.116	2.806	2.772	90864.0
17—18	100.888	100.719	98.116	97.970	2.772	2.749	72691.2
18—19	100.719	100.600	97.970	97.878	2.749	2.722	43160.4
19—20	100.600	100.469	97.878	97.772	2.722	2.697	45432.0
20—21	100.469	100.356	97.622	97.538	2.847	2.818	68429.9
21—22	100.356	100.200	97.538	97.448	2.818	2.752	74650.8
22—23	100.200	100.100	97.448	97.387	2.752	2.713	46656.8
23—24	100.100	99.960	97.387	97.283	2.713	2.677	74650.8

ZJN = 1195687.00(YUAN)

ZLN = 3040.00(m)

雨水干管 7 计算结果　　　　　　　　　　　　附录表 6-10

NO. N N	L(N) (m)	D(N) (mm)	F(N) (hm²)	V(N) (m/s)	I(N) (0/00)	Q0(N) (L/s·hm²)	QS(N) (L/s)	Q(N) (L/s)	HIL(N) (m)	T2(N-1) (min)	L(N)/V(N) (min)
1—2	60.0	400	1.05	0.750	2.05	87.34	91.7	94.2	0.123	0.00	1.33
2—3	50.0	500	2.22	0.882	2.11	78.05	173.3	173.3	0.105	1.33	0.94
3—4	90.0	600	3.75	0.964	1.97	72.71	272.7	272.7	0.177	2.28	1.56
4—5	85.0	700	5.91	1.006	1.75	65.51	387.2	387.2	0.149	3.83	1.41
5—6	100.0	800	8.34	1.016	1.49	60.25	502.5	510.7	0.149	5.24	1.64
6—7	115.0	800	10.94	1.202	2.09	55.21	604.0	604.0	0.240	6.88	1.59
7—8	140.0	900	13.94	1.121	1.55	51.15	713.0	713.0	0.217	8.48	2.08
8—9	200.0	1000	17.82	1.100	1.30	46.76	833.2	863.9	0.260	10.56	3.03
9—10	200.0	1000	22.62	1.201	1.55	41.70	943.2	943.2	0.310	13.59	2.78
10—11	180.0	1100	27.42	1.100	1.14	38.04	1042.9	1045.4	0.206	16.36	2.73
11—12	160.0	1100	32.22	1.189	1.34	35.08	1130.3	1130.3	0.214	19.09	2.24
12—13	150.0	1200	37.02	1.100	1.02	33.01	1222.2	1244.1	0.153	21.33	2.27
13—14	160.0	1200	42.00	1.158	1.13	31.18	1309.6	1309.6	0.181	23.61	2.30
14—15	150.0	1200	48.82	1.275	1.37	29.55	1442.5	1442.5	0.205	25.91	1.96
15—16	160.0	1350	55.22	1.100	0.87	28.30	1562.8	1574.5	0.139	27.87	2.42
16—17	160.0	1350	61.98	1.165	0.98	26.92	1668.2	1668.2	0.156	30.29	2.29
17—18	160.0	1350	68.90	1.239	1.10	25.74	1773.6	1773.6	0.177	32.58	2.15
18—19	200.0	1500	75.11	1.100	0.76	24.74	1858.1	1943.9	0.151	34.73	3.03
19—20	180.0	1500	81.80	1.100	0.76	23.47	1919.7	1943.9	0.136	37.76	2.73
20—21	180.0	1500	92.67	1.177	0.87	22.44	2080.0	2080.0	0.156	40.49	2.55
21—22	180.0	1650	103.64	1.100	0.67	21.58	2236.1	2352.1	0.120	43.04	2.73
22—23	500.0	1650	115.16	1.116	0.69	20.73	2386.9	2386.9	0.343	45.77	7.47

NO. N N	H(N) (m)	H(N+1) (m)	HG(N,2) (m)	HG(N+1,1) (m)	HM(N,2) (m)	HM(N+1,1) (m)	ZJ(N) (YUAN)
1—2	103.860	103.740	102.210	102.087	1.650	1.653	6460.2
2—3	103.740	103.660	101.987	101.882	1.753	1.778	6061.0
3—4	103.660	103.382	101.782	101.604	1.878	1.778	13597.2
4—5	103.382	103.217	101.504	101.356	1.878	1.861	16970.3

续表

NO.N N	H(N) (m)	H(N+1) (m)	HG(N,2) (m)	HG(N+1,1) (m)	HM(N,2) (m)	HM(N+1,1) (m)	ZJ(N) (YUAN)
5—6	103.217	103.036	101.256	101.107	1.961	1.929	24237.0
6—7	103.036	102.893	101.107	100.867	1.929	2.026	27872.5
7—8	102.893	102.740	100.767	100.550	2.126	2.190	35012.6
8—9	102.740	102.570	100.450	100.190	2.290	2.380	65948.0
9—10	102.570	102.450	100.190	99.880	2.380	2.570	65948.0
10—11	102.450	102.300	99.780	99.574	2.670	2.726	65719.8
11—12	102.300	102.160	99.574	99.361	2.726	2.799	58417.6
12—13	102.160	102.050	99.261	99.108	2.899	2.942	64204.5
13—14	102.050	101.910	99.108	98.927	2.942	2.983	68484.8
14—15	101.910	101.730	98.927	98.722	2.983	3.008	64204.5
15—16	101.730	101.530	98.572	98.433	3.158	3.097	72691.2
16—17	101.530	101.320	98.433	98.276	3.097	3.044	72691.2
17—18	101.320	101.090	98.276	98.100	3.044	2.990	72691.2
18—19	101.090	100.850	97.950	97.799	3.140	3.051	124418.0
19—20	100.850	100.640	97.799	97.662	3.051	2.978	111976.2
20—21	100.640	100.410	97.662	97.507	2.978	2.903	111976.2
21—22	100.410	100.150	97.357	97.237	3.053	2.913	138292.2
22—23	100.150	100.000	97.237	96.894	2.913	3.106	384145.0

ZJN = 1672019.00(YUAN)

ZLN = 3560.00(m)

雨水干管 8 计算结果　　　　附录表 6-11

NO.N N	L(N) (m)	D(N) (mm)	F(N) (hm²)	V(N) (m/s)	I(N) (0/00)	Q0(N) (L/s·hm²)	QS(N) (L/s)	Q(N) (L/s)	HIL(N) (m)	T2(N-1) (min)	L(N)/V(N) (min)
1—2	60.0	400	1.03	0.750	2.05	87.34	90.0	94.2	0.123	0.00	1.33
2—3	60.0	500	2.20	0.874	2.07	78.05	171.7	171.7	0.124	1.33	1.14
3—4	80.0	600	3.80	0.964	1.97	71.69	272.4	272.4	0.157	2.48	1.38
4—5	100.0	700	5.70	0.973	1.64	65.40	372.8	374.6	0.164	3.86	1.71
5—6	180.0	800	8.20	0.983	1.40	59.15	485.0	494.4	0.252	5.57	3.05
6—7	190.0	800	12.85	1.026	1.30	50.81	652.9	652.9	0.247	8.62	3.09
7—8	200.0	900	17.65	1.036	1.15	44.68	788.6	813.9	0.230	11.71	3.22
8—9	200.0	1000	22.35	1.134	1.38	39.84	890.4	890.4	0.276	14.93	2.94
9—10	160.0	1000	27.25	1.100	1.14	36.34	990.3	1045.4	0.183	17.87	2.42
10—11	160.0	1100	32.01	1.143	1.24	33.94	1086.4	1086.4	0.198	20.29	2.33
11—12	170.0	1100	36.41	1.224	1.42	31.95	1163.1	1163.1	0.241	22.62	2.31
12—13	200.0	1200	40.88	1.100	1.02	30.21	1235.1	1244.1	0.204	24.94	3.03
13—14	190.0	1200	45.98	1.148	1.11	28.24	1298.5	1298.5	0.211	27.97	2.76
14—15	160.0	1200	51.58	1.217	1.25	26.68	1376.4	1376.4	0.198	30.73	2.19
15—16	150.0	1350	58.18	1.100	0.87	25.58	1488.2	1574.5	0.131	32.92	2.27
16—17	150.0	1350	65.03	1.115	0.89	24.54	1595.7	1595.7	0.134	35.19	2.24
17—18	150.0	1350	72.48	1.195	1.03	23.60	1710.5	1710.5	0.154	37.43	2.09
18—19	150.0	1500	80.63	1.100	0.76	22.80	1838.0	1943.9	0.113	39.52	2.27

续表

NO. N N	L(N) (m)	D(N) (mm)	F(N) (hm²)	V(N) (m/s)	I(N) (0/00)	Q0(N) (L/s·hm²)	QS(N) (L/s)	Q(N) (L/s)	HIL(N) (m)	T2(N-1) (min)	L(N)/V(N) (min)
19—20	150.0	1500	89.13	1.109	0.77	21.99	1960.0	1960.0	0.115	41.80	2.25
20—21	150.0	1500	98.33	1.183	0.87	21.25	2089.7	2089.7	0.131	44.05	2.11
21—22	150.0	1650	108.11	1.100	0.67	20.61	2228.1	2352.1	0.100	46.17	2.27
22—23	130.0	1650	117.64	1.100	0.67	19.97	2348.8	2352.1	0.087	48.44	1.97
23—24	130.0	1650	127.08	1.156	0.73	19.44	2471.0	2471.0	0.096	50.41	1.87
24—25	580.0	1650	136.54	1.212	0.81	18.98	2590.9	2590.9	0.469	52.28	7.98

NO. N N	H(N) (m)	H(N+1) (m)	HG(N,2) (m)	HG(N+1,1) (m)	HM(N,2) (m)	HM(N+1,1) (m)	ZJ(N) (YUAN)
1—2	103.784	103.726	102.134	102.011	1.650	1.715	6460.2
2—3	103.726	103.753	101.911	101.787	1.815	1.966	7273.2
3—4	103.753	103.630	101.687	101.530	2.066	2.100	14495.2
4—5	103.630	103.452	101.430	101.266	2.200	2.186	20114.0
5—6	103.452	103.169	101.166	101.914	2.286	2.225	40656.6
6—7	103.139	102.950	100.814	100.567	2.325	2.383	47517.1
7—8	102.950	102.800	100.467	100.237	2.483	2.563	65948.0
8—9	102.800	102.660	100.237	99.961	2.563	2.699	65948.0
9—10	102.660	102.560	99.861	99.678	2.799	2.882	58417.6
10—11	102.560	102.440	99.677	99.480	2.882	2.960	58417.6
11—12	102.440	102.340	99.480	99.240	2.960	3.100	62068.7
12—13	102.340	102.210	99.140	98.936	3.200	3.274	85606.0
13—14	102.210	102.040	98.936	98.725	3.274	3.315	81325.7
14—15	102.040	101.880	98.725	98.526	3.315	3.354	68484.8
15—16	101.880	101.660	98.376	98.245	3.504	3.415	68148.0
16—17	101.660	101.420	98.245	98.111	3.415	3.309	68148.0
17—18	101.420	101.190	98.111	97.957	3.309	3.233	68148.0
18—19	101.190	101.000	97.807	97.694	3.383	3.306	93313.5
19—20	101.000	100.840	97.694	97.578	3.306	3.262	93313.5
20—21	100.840	100.670	97.578	97.447	3.262	3.223	93313.5
21—22	100.670	100.510	97.297	97.198	3.373	3.313	115243.5
22—23	100.510	100.390	97.198	97.111	3.313	3.279	99877.7
23—24	100.390	100.240	97.111	97.015	3.279	3.225	99877.7
24—25	100.240	100.000	97.015	96.547	3.225	3.453	445608.2

ZJN = 1927725.00(YUAN)

ZLN = 4000.00(m)

雨水干管 9 计算结果　　　　　　　　附录表 6-12

NO. N N	L(N) (m)	D(N) (mm)	F(N) (hm²)	V(N) (m/s)	I(N) (0/00)	Q0(N) (L/s·hm²)	QS(N) (L/s)	Q(N) (L/s)	HIL(N) (m)	T2(N-1) (min)	L(N)/V(N) (min)
1—2	160.0	500	1.82	0.810	1.77	87.34	159.0	159.0	0.284	0.00	3.29
2—3	160.0	700	5.02	0.885	1.35	67.82	340.4	340.4	0.216	3.29	3.01
3—4	150.0	800	9.34	1.057	1.61	56.86	531.1	531.1	0.242	6.31	2.37
4—5	120.0	900	14.29	1.139	1.60	50.69	724.4	724.4	0.192	8.67	1.76

续表

NO.N N	L(N) (m)	D(N) (mm)	F(N) (hm²)	V(N) (m/s)	I(N) (0/00)	Q0(N) (L/s·hm²)	QS(N) (L/s)	Q(N) (L/s)	HIL(N) (m)	T2(N-1) (min)	L(N)/V(N) (min)
5—6	160.0	900	17.29	1.277	2.02	47.00	812.7	812.7	0.322	10.43	2.09
6—7	160.0	1000	20.05	1.106	1.31	43.34	868.9	868.9	0.210	12.52	2.41
7—8	150.0	1000	23.81	1.208	1.56	39.83	948.4	948.4	0.235	14.93	2.07
8—9	160.0	1100	28.39	1.114	1.17	37.30	1058.9	1058.9	0.188	17.00	2.39
9—10	150.0	1100	33.94	1.242	1.46	34.79	1180.6	1180.6	0.219	19.39	2.01
10—11	160.0	1200	40.39	1.177	1.17	32.95	1331.0	1331.0	0.186	21.41	2.27
11—12	200.0	1200	45.11	1.242	1.30	31.13	1404.4	1404.4	0.260	23.67	2.68
12—13	200.0	1200	48.39	1.252	1.32	29.25	1415.5	1415.5	0.264	26.36	2.66
13—14	160.0	1350	53.27	1.100	0.87	27.62	1471.5	1574.5	0.139	29.02	2.42
14—15	160.0	1350	58.39	1.100	0.87	26.33	1537.2	1574.5	0.139	31.44	2.42
15—16	150.0	1350	64.55	1.133	0.92	25.13	1622.2	1622.2	0.139	33.87	2.21
16—17	150.0	1350	71.38	1.205	1.04	24.16	1724.4	1724.4	0.157	36.07	2.08
17—18	150.0	1500	79.18	1.100	0.76	23.32	1846.3	1943.9	0.113	38.15	2.27
18—19	140.0	1500	87.96	1.118	0.78	22.47	1976.5	1976.5	0.109	40.42	2.09
19—20	140.0	1500	97.06	1.195	0.89	21.75	2111.2	2111.2	0.125	42.51	1.95
20—21	140.0	1650	107.00	1.100	0.67	21.12	2260.3	2352.1	0.084	46.58	1.77
22—23	120.0	1650	127.74	1.194	0.78	19.99	2553.4	2553.4	0.094	48.35	1.67
23—24	100.0	1800	138.30	1.100	0.59	19.54	2702.7	2799.2	0.059	50.03	1.52
24—25	100.0	1800	149.52	1.126	0.62	19.16	2864.4	2864.4	0.062	51.54	1.48
25—26	100.0	1800	159.22	1.176	0.68	18.80	2992.9	2992.9	0.068	53.02	1.42
26—27	800.0	1800	166.67	1.210	0.72	18.47	3077.9	3077.9	0.574	54.44	11.02

NO.N N	H(N) (m)	H(N+1) (m)	HG(N,2) (m)	HG(N+1,1) (m)	HM(N,2) (m)	HM(N+1,1) (m)	ZJ(N) (YUAN)
1—2	103.770	103.600	102.120	101.836	1.650	1.764	19395.2
2—3	103.600	103.440	101.636	101.420	1.964	2.020	31944.0
3—4	103.440	103.300	101.320	101.078	2.120	2.222	33880.5
4—5	103.300	103.190	100.978	100.786	2.322	2.404	30010.8
5—6	103.190	103.050	100.786	100.464	2.404	2.586	40014.4
6—7	103.050	102.910	100.364	100.154	2.686	2.756	52758.4
7—8	102.910	102.800	100.154	99.919	2.756	2.881	49461.0
8—9	102.800	102.670	99.819	99.631	2.981	3.039	58417.6
9—10	102.670	102.570	99.631	99.412	3.039	3.158	54766.5
10—11	102.570	102.480	99.312	99.126	3.258	3.354	68484.8
11—12	102.480	102.340	99.126	98.866	3.354	3.474	85606.0
12—13	102.340	102.170	98.866	98.603	3.474	3.567	85606.0
13—14	102.170	102.040	98.453	98.314	3.717	3.726	72691.2
14—15	102.040	101.850	98.314	98.174	3.726	3.676	72691.2
15—16	101.850	101.620	98.174	98.036	3.676	3.584	68148.0
16—17	101.620	101.350	98.036	97.879	3.584	3.471	68148.0
17—18	101.350	101.180	97.729	97.616	3.621	3.564	93313.5

续表

NO. N N	H(N) (m)	H(N+1) (m)	HG(N,2) (m)	HG(N+1,1) (m)	HM(N,2) (m)	HM(N+1,1) (m)	ZJ(N) (YUAN)
18—19	101.180	100.980	97.616	97.506	3.564	3.474	87092.6
19—20	100.980	100.810	97.506	97.381	3.474	3.429	87092.6
20—21	100.810	100.660	97.231	97.138	3.579	3.522	107560.6
21—22	100.660	100.540	97.138	97.054	3.522	3.486	92194.8
22—23	100.540	100.400	97.054	96.960	3.486	3.440	92194.8
23—24	100.400	100.270	96.810	96.751	3.590	3.519	115000.0
25—26	100.170	100.070	96.688	96.621	3.481	3.449	115000.0
26—27	100.070	99.800	96.621	96.047	3.449	3.753	920000.0

ZJN = 2716473.00(YUAN)
ZLN = 4460.00(m)

雨水干管 10 计算结果　　　　　　　　　附录表 6-13

NO. N N	L(N) (m)	D(N) (mm)	F(N) (hm²)	V(N) (m/s)	I(N) (0/00)	Q0(N) (L/s·hm²)	QS(N) (L/s)	Q(N) (L/s)	HIL(N) (m)	T2(N-1) (min)	L(N)/V(N) (min)
1—2	40.0	400	1.05	0.750	2.05	87.34	91.7	94.2	0.082	0.00	0.89
2—3	50.0	600	2.57	0.800	1.36	80.89	207.9	226.2	0.068	0.89	1.04
3—4	60.0	700	4.47	0.866	1.30	74.57	333.3	333.3	0.078	1.93	1.15
4—5	70.0	800	6.75	0.923	1.23	68.76	464.1	464.1	0.086	3.09	1.26
5—6	80.0	900	9.41	0.939	1.09	63.47	597.3	597.3	0.087	4.35	1.42
6—7	90.0	1000	12.45	0.949	0.97	58.52	728.6	745.2	0.087	5.77	1.58
7—8	100.0	1000	15.87	1.090	1.28	53.95	856.1	856.1	0.128	7.35	1.53
8—9	110.0	1000	19.67	1.258	1.70	50.23	988.0	988.0	0.187	8.88	1.46
9—10	120.0	1100	23.85	1.184	1.33	47.19	1125.4	1125.4	0.159	10.34	1.69
10—11	130.0	1200	28.41	1.109	1.03	44.14	1254.1	1254.1	0.135	12.02	1.95
11—12	140.0	1200	33.35	1.213	1.24	41.14	1371.9	1371.9	0.173	13.98	1.92
12—13	150.0	1350	38.67	1.100	0.87	38.59	1492.4	1574.5	0.131	15.90	2.27
13—14	160.0	1350	44.37	1.116	0.90	36.01	1597.9	1597.9	0.143	18.18	2.39
14—15	170.0	1350	50.45	1.187	1.01	33.69	1699.7	1699.7	0.172	20.56	2.39
15—16	180.0	1350	56.91	1.260	1.14	31.69	1803.3	1803.3	0.205	22.95	2.38
16—17	190.0	1500	63.75	1.100	0.76	29.94	1908.6	1943.9	0.144	25.33	2.88
17—18	150.0	1500	70.97	1.128	0.80	28.10	1994.0	1994.0	0.119	28.21	2.22
18—19	100.0	1500	76.67	1.165	0.85	26.84	2058.1	2058.1	0.085	30.43	1.43
19—20	620.0	1500	80.47	1.189	0.88	26.10	2100.3	2100.3	0.545	31.86	23.14

NO. N N	H(N) (m)	H(N+1) (m)	HG(N,2) (m)	HG(N+1,1) (m)	HM(N,2) (m)	HM(N+1,1) (m)	ZJ(N) (YUAN)
1—2	102.530	102.505	100.880	100.798	1.650	1.707	4306.8
2—3	102.505	102.459	100.598	100.530	1.907	1.929	7554.0
3—4	102.459	102.412	100.430	100.353	2.029	2.060	12068.4
4—5	102.412	102.368	100.253	100.166	2.160	2.202	15810.9

续表

NO.N N	H(N) (m)	H(N+1) (m)	HG(N,2) (m)	HG(N+1,1) (m)	HM(N,2) (m)	HM(N+1,1) (m)	ZJ(N) (YUAN)
5—6	102.368	102.305	100.066	99.979	2.302	2.326	20007.2
6—7	102.305	102.233	99.879	99.792	2.426	2.441	29676.6
7—8	102.233	102.152	99.792	99.665	2.441	2.487	32974.0
8—9	102.152	102.059	99.665	99.478	2.487	2.581	36271.4
9—10	102.059	101.952	99.378	99.219	2.681	2.733	43813.2
10—11	101.952	101.762	99.119	98.984	2.833	2.778	55643.9
11—12	101.762	101.571	98.984	98.811	2.778	2.760	59924.2
12—13	101.571	101.365	98.661	98.531	2.910	2.834	68148.0
13—14	101.365	101.159	98.531	98.387	2.834	2.772	72691.2
14—15	101.159	100.962	98.387	98.215	2.772	2.747	77234.4
15—16	100.962	100.841	98.215	98.009	2.747	2.832	81777.6
16—17	100.841	100.716	97.859	97.716	2.982	3.000	118197.1
17—18	100.716	100.626	97.716	97.596	3.000	3.030	93313.5
18—19	100.626	100.591	97.596	97.511	3.030	3.080	62209.0
19—20	100.591	99.900	97.511	96.966	3.080	2.934	65292.0

ZJN = 1918070.00(YUAN)
ZLN = 3740.00(m)

雨水干管 11 计算结果　　　　　　　附录表 6-14

NO.N N	L(N) (m)	D(N) (mm)	F(N) (hm^2)	V(N) (m/s)	I(N) (0/00)	Q0(N) (L/s·hm^2)	QS(N) (L/s)	Q(N) (L/s)	HIL(N) (m)	T2(N-1) (min)	L(N)/V(N) (min)
1—2	75.0	400	1.04	0.750	2.05	87.34	90.8	94.2	0.154	0.00	1.67
2—3	60.0	500	2.22	0.860	2.00	76.07	168.9	168.9	0.120	1.67	1.16
3—4	140.0	600	3.58	0.886	1.66	69.96	250.5	250.5	0.233	2.83	2.63
4—5	100.0	700	5.31	0.896	1.39	59.51	316.0	344.7	0.139	5.46	1.86
5—6	100.0	800	7.86	0.906	1.19	54.01	424.5	455.3	0.119	7.32	1.84
6—7	110.0	800	10.66	1.052	1.60	49.60	528.7	528.7	0.176	9.16	1.74
7—8	125.0	900	13.80	1.062	1.39	46.11	636.2	675.5	0.174	10.91	1.96
8—9	145.0	900	17.03	1.145	1.62	42.78	728.6	728.6	0.235	12.87	2.11
9—10	160.0	1000	21.44	1.100	1.30	39.77	852.6	863.9	0.208	14.98	2.42
10—11	175.0	1000	25.68	1.205	1.56	36.84	946.2	946.2	0.273	17.40	2.42
11—12	180.0	1100	30.81	1.114	1.17	34.37	1059.0	1059.0	0.211	19.82	2.69
12—13	185.0	1100	35.93	1.211	1.39	32.03	1150.9	1150.9	0.256	22.52	2.55
13—14	190.0	1200	41.50	1.105	1.03	30.12	1250.2	1250.2	0.195	25.06	2.86
14—15	195.0	1200	47.01	1.175	1.16	28.27	1328.8	1328.8	0.227	27.93	2.77
15—16	200.0	1200	52.57	1.241	1.30	26.70	1403.7	1403.7	0.259	30.69	2.69
16—17	200.0	1350	58.37	1.100	0.87	25.36	1480.2	1574.5	0.174	33.38	3.03
17—18	200.0	1350	64.17	1.100	0.87	24.02	1541.2	1574.5	0.174	36.41	3.03
18—19	200.0	1350	69.97	1.116	0.90	22.83	1597.2	1597.2	0.179	39.44	2.99
19—20	200.0	1350	75.77	1.153	0.96	21.78	1650.1	1650.1	0.191	42.43	2.89
20—21	125.0	1350	81.41	1.186	1.01	20.86	1698.3	1698.3	0.127	45.32	1.76
21—22	125.0	1350	85.54	1.216	1.06	20.35	1740.4	1740.4	0.133	47.07	1.71
22—23	650.0	1350	89.57	1.243	1.11	19.87	1779.8	1779.8	0.722	48.79	5.09

续表

NO. N N	H(N) (m)	H(N+1) (m)	HG(N,2) (m)	HG(N+1,1) (m)	HM(N,2) (m)	HM(N+1,1) (m)	ZJ(N) (YUAN)
1—2	103.486	103.403	101.836	101.682	1.650	1.721	8075.3
2—3	103.403	103.317	101.582	101.462	1.821	1.855	7273.2
3—4	103.317	103.250	101.362	101.129	1.955	2.121	25366.6
4—5	103.250	103.203	101.029	100.891	2.221	2.312	20114.0
5—6	103.203	103.135	100.791	100.672	2.412	2.463	22587.0
6—7	103.135	103.067	100.672	100.497	2.463	2.570	24845.7
7—8	103.067	102.986	100.397	100.223	2.670	2.763	31261.3
8—9	102.986	102.900	100.223	99.988	2.763	2.912	36263.1
9—10	102.900	102.803	99.888	99.680	3.012	3.123	52758.4
10—11	102.803	102.672	99.680	99.407	3.123	3.265	57704.5
11—12	102.672	102.536	99.307	99.096	3.365	3.440	65719.8
12—13	102.536	102.387	99.096	98.840	3.440	3.547	67545.3
13—14	102.387	102.222	98.740	98.544	3.647	3.678	81325.7
14—15	102.222	102.051	98.544	98.318	3.678	3.733	83465.9
15—16	102.051	101.828	98.318	98.059	3.733	3.769	85606.0
16—17	101.828	101.603	97.909	97.735	3.919	3.868	90864.0
17—18	101.603	101.382	97.735	97.560	3.868	3.822	90864.0
18—19	101.382	101.183	97.560	97.381	3.822	3.802	90864.0
19—20	101.183	100.987	97.381	97.190	3.802	3.797	90864.0
20—21	100.987	100.929	97.190	97.064	3.797	3.865	56790.0
21—22	100.929	100.865	97.064	96.931	3.865	3.934	56790.0
22—23	100.865	99.900	96.931	96.209	3.934	3.691	222163.2

ZJN = 1369111.00(YUAN)

ZLN = 3570.00(m)

附录6-2 雨水管道水力计算表中各符号含义

NO. N——序号；

L(N)——管段长度,m；

D(N)——管径,mm；

F(N)——管段汇水面积,hm²；

V(N)——管段设计流速,m/s；

I(N)——水力坡度,0/00；

Q0(N)——相应于管段起端集水时间的设计暴雨强度,L/(s·hm²)；

QS(N)——管段雨水设计流量,L/s；

Q(N)——管道输水能力,L/s；

HIL(N)——水力坡降,m

L(N)/V(N)——雨水在设计管段中的流行时间,min。

H(N)——管段上端地面标高,m；

H(N+1)——管段下端地面标高,m；

HG(N,2)——管段上端管底标高,m；

HG(N+1,1)——管段下端管底标高,m；

HMN2——管段上端埋深,m；

HMN11——管段下端埋深,m；

ZJ(N)——造价,YUAN；

ZJN——总造价,YUAN；

ZLN——总管长,m；

T2(N-1)——设计管段起端的集水时间,min；

附录表 8-1

总成本费用估算表

项目名称	单位	单价	数量	1	2	3	4	5	6	7	8	9	10	11	12
生产负荷（%）							100.00	100.00	100.00	100.00	100.00	100.00	100.00	100.00	100.00
基本电费	kVA	0.012	790.00				9.48	9.48	9.48	9.48	9.48	9.48	9.48	9.48	9.48
电度电费	万 kWh	0.6	1938.46				1163.08	1163.08	1163.08	1163.08	1163.08	1163.08	1163.08	1163.08	1163.08
液氯	t	0.24	109.50				26.28	26.28	26.28	26.28	26.28	26.28	26.28	26.28	26.28
硫酸铝	t	0.14	2628.00				34.88	34.88	34.88	34.88	34.88	34.88	34.88	34.88	34.88
活化硅酸	t	0.12	175.20				244.53	244.53	244.53	244.53	244.53	244.53	244.53	244.53	244.53
水资源费	万 t	0.69	4380.00				3022.20	3022.20	3022.20	3022.20	3022.20	3022.20	3022.20	3022.20	3022.20
工资及福利费	万元	0.6	199.00				119.40	119.40	119.40	119.40	119.40	119.40	119.40	119.40	119.40
折旧费							692.64	692.64	692.64	692.64	692.64	692.64	692.64	692.64	692.64
修理费							346.32	346.32	346.32	346.32	346.32	346.32	346.32	346.32	346.32
摊销费							99.22	99.22	99.22	99.22	99.22	99.22	99.22	99.22	99.22
日常检修维护费							78.71	78.71	78.71	78.71	78.71	78.71	78.71	78.71	78.71
其他费用							573.75	573.75	573.75	573.75	573.75	573.75	573.75	573.75	573.75
贷款利息							436.82	327.95	214.54	96.43					
总成本费用							6847.29	6738.42	6625.02	6506.90	6474.69	6474.69	6474.69	6474.69	6474.69
其中（1）固定成本							1910.04	1910.04	1910.04	1910.04	1910.04	1910.04	1910.04	1910.04	1910.04
（2）可变成本							4937.26	4828.39	4714.98	4596.87	4564.66	4564.66	4564.66	4564.66	4564.66
经营成本							5618.62	5618.62	5618.62	5618.62	5618.62	5618.62	5618.62	5618.62	5618.62
单位成本							3.29	2.70	2.27	1.95	1.73	1.56	1.56	1.56	1.56
流动资金							1404.65	1404.65	1404.65	1404.65	1404.65	1404.65	1404.65	1404.65	1404.65

续表

项目名称	单位	单价	数量	13	14	15	16	17	18	19	20	21	22	23	合计
生产负荷(%)				100.00	100.00	100.00	100.00	100.00	100.00	100.00	100.00	100.00	100.00	100.00	
基本电费	kVA	0.012	790.00	9.48	9.48	9.48	9.48	9.48	9.48	9.48	9.48	9.48	9.48	9.48	189.60
电度电费	万kWh	0.6	1938.46	1163.08	1163.08	1163.08	1163.08	1163.08	1163.08	1163.08	1163.08	1163.08	1163.08	1163.08	23261.52
液氯	t	0.24	109.50	26.28	26.28	26.28	26.28	26.28	26.28	26.28	26.28	26.28	26.28	26.28	525.60
硫酸铝	t	0.14	2628.00	34.88	34.88	34.88	34.88	34.88	34.88	34.88	34.88	34.88	34.88	34.88	
活化硅酸	t	0.12	175.20	244.53	244.53	244.53	244.53	244.53	244.53	244.53	244.53	244.53	244.53	244.53	
水资源费	万t	0.69	4380.00	3022.20	3022.20	3022.20	3022.20	3022.20	3022.20	3022.20	3022.20	3022.20	3022.20	3022.20	60444.00
工资及福利费	万元	0.6	199.00	119.40	119.40	119.40	119.40	119.40	119.40	119.40	119.40	119.40	119.40	119.40	2388.00
折旧费				692.64	692.64	692.64	692.64	692.64	692.64	692.64	692.64	692.64	692.64	692.64	13852.79
修理费				346.32	346.32	346.32	346.32	346.32	346.32	346.32	346.32	346.32	346.32	346.32	6926.40
摊销费				99.22											992.17
日常检修维护费				78.71	78.71	78.71	78.71	78.71	78.71	78.71	78.71	78.71	78.71	78.71	1574.18
其他费用				573.75	573.75	573.75	573.75	573.75	573.75	573.75	573.75	573.75	573.75	573.75	11475.02
贷款利息				64.22	64.22	64.22	64.22	64.22	64.22	64.22	64.22	64.22	64.22	64.22	2103.20
总成本费用				6474.69	6375.48	6375.48	6375.48	6375.48	6375.48	6375.48	6375.48	6375.48	6375.48	6375.48	129320.55
其中(1)固定成本				1910.04	1810.82	1810.82	1810.82	1810.82	1810.82	1810.82	1810.82	1810.82	1810.82	1810.82	37208.56
(2)可变成本				4564.66	4564.66	4564.66	4564.66	4564.66	4564.66	4564.66	4564.66	4564.66	4564.66	4564.66	92112.00
经营成本				5618.62	5618.62	5618.62	5618.62	5618.62	5618.62	5618.62	5618.62	5618.62	5618.62	5618.62	112372.39
单位成本				1.56	1.53	1.53	1.53	1.53	1.53	1.53	1.53	1.53	1.53	1.53	
流动资金				1404.65	1404.65	1404.65	1404.65	1404.65	1404.65	1404.65	1404.65	1404.65	1404.65	1404.65	

附录表 8-2

损 益 表

项 目 名 称	1	2	3	4	5	6	7	8	9	10	11	12
生产负荷(%)				100.00	100.00	100.00	100.00	100.00	100.00	100.00	100.00	100.00
销售收入				8738.10	8738.10	8738.10	8738.10	8738.10	8738.10	8738.10	8738.10	8738.10
销售税金及附加				456.03	456.03	456.03	456.03	456.03	456.03	456.03	456.03	456.03
1. 销项税				1135.95	1135.95	1135.95	1135.95	1135.95	1135.95	1135.95	1135.95	1135.95
2. 进项税				717.58	717.58	717.58	717.58	717.58	717.58	717.58	717.58	717.58
3. 城市维护建设税				29.29	29.29	29.29	29.29	29.29	29.29	29.29	29.29	29.29
4. 教育费附加				8.37	8.37	8.37	8.37	8.37	8.37	8.37	8.37	8.37
总成本费用				6847.29	6738.42	6625.02	6506.90	6474.69	6474.69	6474.69	6474.69	6474.69
利润总额				1434.78	1543.65	1657.05	1775.17	1807.38	1807.38	1807.38	1807.38	1807.38
应纳税所得额				1434.78	1543.65	1657.05	1775.17	1807.38	1807.38	1807.38	1807.38	1807.38
所得税				473.48	509.40	546.83	585.81	596.43	596.43	596.43	596.43	596.43
税后利润				961.30	1034.24	1110.22	1189.36	1210.94	1210.94	1210.94	1210.94	1210.94
可供分配的利润				961.30	1034.24	1110.22	1189.36	1210.94	1210.94	1210.94	1210.94	1210.94
盈余公积金												
应付利润												
未分配利润				961.30	1034.24	1110.22	1189.36	1210.94	1210.94	1210.94	1210.94	1210.94
累计未分配利润				961.30	1995.54	3105.77	4295.13	5506.07	6717.01	7927.95	9138.90	10349.84

续表

项目名称	13	14	15	16	17	18	19	20	21	22	23	合计
生产负荷（%）	100.00	100.00	100.00	100.00	100.00	100.00	100.00	100.00	100.00	100.00	100.00	
销售收入	8738.10	8738.10	8738.10	8738.10	8738.10	8738.10	8738.10	8738.10	8738.10	8738.10	8738.10	174762.00
销售税金及附加	456.03	456.03	456.03	456.03	456.03	456.03	456.03	456.03	456.03	456.03	456.03	9120.62
1. 销项税	1135.95	1135.95	1135.95	1135.95	1135.95	1135.95	1135.95	1135.95	1135.95	1135.95	1135.95	22719.06
2. 进项税	717.58	717.58	717.58	717.58	717.58	717.58	717.58	717.58	717.58	717.58	717.58	14351.52
3. 城市维护建设税	29.29	29.29	29.29	29.29	29.29	29.29	29.29	29.29	29.29	29.29	29.29	585.73
4. 教育费附加	8.37	8.37	8.37	8.37	8.37	8.37	8.37	8.37	8.37	8.37	8.37	167.35
总成本费用	6474.69	6375.48	6375.48	6375.48	6375.48	6375.48	6375.48	6375.48	6375.48	6375.48	6375.48	129320.55
利润总额	1807.38	1906.59	1906.59	1906.59	1906.59	1906.59	1906.59	1906.59	1906.59	1906.59	1906.59	36320.83
应纳税所得额	1807.38	1906.59	1906.59	1906.59	1906.59	1906.59	1906.59	1906.59	1906.59	1906.59	1906.59	36320.83
所得税	596.43	629.18	629.18	629.18	629.18	629.18	629.18	629.18	629.18	629.18	629.18	11985.87
税后利润	1210.94	1277.42	1277.42	1277.42	1277.42	1277.42	1277.42	1277.42	1277.42	1277.42	1277.42	24334.96
可供分配的利润	1210.94	1277.42	1277.42	1277.42	1277.42	1277.42	1277.42	1277.42	1277.42	1277.42	1277.42	24334.96
盈余公积金												
应付利润												
未分配利润	1210.94	1277.42	1277.42	1277.42	1277.42	1277.42	1277.42	1277.42	1277.42	1277.42	1277.42	24334.96
累计未分配利润	11560.78	12838.20	14115.62	15393.03	16670.45	17947.87	19225.29	20502.70	21780.12	23057.54	24334.96	

附录表 8-3

借款偿还计划表

项目名称	贷款利率(%)	1	2	3	4	5	6	7	8	9	10	11	12
一、外汇借款													
年初借款本息累计													
本年借款(外汇)													
本年应计利息													
本年偿还本金													
本年付息													
二、国内借款													
年初借款本息累计	6.21		2000.00	4000.00	6000.00	4246.84	2420.74	518.66	0.00	0.00	0.00	0.00	0.00
本年借款(国内)		2000.00	2000.00	2000.00									
本年应计利息		62.10	186.30	434.70	372.60	263.73	150.33	32.21	0.00	0.00	0.00	0.00	0.00
本年偿还本金					1753.16	1826.10	1902.08	518.66	0.00	0.00	0.00	0.00	0.00
本年付息					372.60	263.73	150.33	32.21	0.00	0.00	0.00	0.00	0.00
三、偿还本金资金来源													
利润					961.30	1034.24	1110.22	1189.36	1210.94	1210.94	1210.94	1210.94	1210.94
折旧					692.64	692.64	692.64	692.64	692.64	692.64	692.64	692.64	692.64
摊销					99.22	99.22	99.22	99.22	99.22	99.22	99.22	99.22	99.22
其他资金													
偿还本金来源合计					1753.16	1826.10	1902.08	1981.22	2002.80	2002.80	2002.80	2002.80	2002.80

附录　185

附录表 8-4

资金来源与运用

项　目　名　称	1	2	3	4	5	6	7	8	9	10	11	12
生产负荷(%)				100.00	100.00	100.00	100.00	100.00	100.00	100.00	100.00	100.00
一、资金来源	5580.00	5580.00	5573.98	3631.29	2335.50	2448.90	2567.02	2599.23	2599.23	2599.23	2599.23	2599.23
利润总额				1434.78	1543.65	1657.05	1775.17	1807.38	1807.38	1807.38	1807.38	1807.38
折旧费				692.64	692.64	692.64	692.64	692.64	692.64	692.64	692.64	692.64
摊销费				99.22	99.22	99.22	99.22	99.22	99.22	99.22	99.22	99.22
长期借款	2000.00	2000.00	2000.00									
流动资金借款				983.26								
其他短期借款												
自有资金	3580.00	3580.00	3573.98									
自有流动资金				421.40								
回收固定资产余值												
回收流动资金												
二、资金运用	5580.00	5580.00	5573.98	3631.29	2335.50	2448.90	1104.47	596.43	596.43	596.43	596.43	596.43
固定资产投资	5517.90	5393.70	5139.28									
建设期利息	62.10	186.30	434.70									
流动资金				1404.65								
所得税				473.48	509.40	546.83	585.81	596.43	596.43	596.43	596.43	596.43
长期借款本金偿还				1753.16	1826.10	1902.08	518.66	0.00	0.00	0.00	0.00	0.00
流动资金借款还本				0.00	0.00	0.00	0.00	0.00	0.00	0.00	0.00	0.00
其他短期借款还本												
三、盈余资金	0.00	0.00	0.00	0.00	0.00	0.00	1462.55	2002.80	2002.80	2002.80	2002.80	2002.80
四、累计盈余资金	0.00	0.00	0.00	0.00	0.00	0.00	1462.55	3465.35	5468.15	7470.95	9473.75	11476.55

续表

项目名称	13	14	15	16	17	18	19	20	21	22	23	合计
生产负荷(%)	100.00	100.00	100.00	100.00	100.00	100.00	100.00	100.00	100.00	100.00	100.00	
一、资金来源	2599.23	2599.23	2599.23	2599.23	2599.23	2599.23	2599.23	2599.23	2599.23	2599.23	6316.11	73021.30
利润总额	1807.38	1906.59	1906.59	1906.59	1906.59	1906.59	1906.59	1906.59	1906.59	1906.59	1906.59	36320.83
折旧费	692.64	692.64	692.64	692.64	692.64	692.64	692.64	692.64	692.64	692.64	692.64	13852.79
摊销费	99.22											992.17
长期借款												6000.00
流动资金借款												983.26
其他短期借款												
自有资金												
自有流动资金												10733.98
回收固定资产余值												983.26
回收流动资金											2312.22	2312.22
											1404.65	1404.65
二、资金运用	596.43	629.18	629.18	629.18	629.18	629.18	629.18	629.18	629.18	629.18	1612.43	37107.77
固定资产投资												16050.88
建设期利息												683.10
流动资金												1404.65
所得税	596.43	629.18	629.18	629.18	629.18	629.18	629.18	629.18	629.18	629.18	629.18	11985.87
长期借款本金偿还	0.00	0.00	0.00	0.00	0.00	0.00	0.00	0.00	0.00	0.00	0.00	6000.00
流动资金借款还本											983.26	983.26
其他短期借款还本												
三、盈余资金	2002.80	1970.06	1970.06	1970.06	1970.06	1970.06	1970.06	1970.06	1970.06	1970.06	4703.67	35913.54
四、累计盈余资金	13479.35	15449.40	17419.46	19389.52	21359.58	23329.63	25299.69	27269.75	29239.80	31209.86	35913.54	

附录表 8-5

资产负债表

项目名称	1	2	3	4	5	6	7	8	9	10	11	12
一、资产	5580.00	11160.00	16733.98	18088.93	17297.07	16505.21	17175.91	18386.85	19597.80	20808.74	22019.68	23230.62
流动资产总额				2146.80	2146.80	2146.80	3609.36	5612.16	7614.96	9617.76	11620.55	13623.35
应收账款				936.44	936.44	936.44	936.44	936.44	936.44	936.44	936.44	936.44
存货				1123.72	1123.72	1123.72	1123.72	1123.72	1123.72	1123.72	1123.72	1123.72
现金				86.64	86.64	86.64	86.64	86.64	86.64	86.64	86.64	86.64
累计盈余资金				0.00	0.00	0.00	1462.55	3465.35	5468.15	7470.95	9473.75	11476.55
在建工程	5580.00	11160.00	16733.98									
固定资产净值				15049.17	14356.53	13663.89	12971.25	12278.61	11585.97	10893.33	10200.69	9508.05
无形及递延资产净值				892.95	793.74	694.52	595.30	496.09	396.87	297.65	198.43	99.22
二、负债及所有者权益	5580.00	11160.00	16733.98	18088.93	17297.07	16505.21	17175.91	18386.85	19597.80	20808.74	22019.68	23230.62
流动负债				1725.41	1725.41	1725.41	1725.41	1725.41	1725.41	1725.41	1725.41	1725.41
应交税款				742.15	742.15	742.15	742.15	742.15	742.15	742.15	742.15	742.15
流动资金借款				983.26	983.26	983.26	983.26	983.26	983.26	983.26	983.26	983.26
其他短期借贷												
长期借贷	2000.00	4000.00	6000.00	4246.84	2420.74	518.66	0.00	0.00	0.00	0.00	0.00	0.00
负债小计	2000.00	4000.00	6000.00	5972.25	4146.15	2244.07	1725.41	1725.41	1725.41	1725.41	1725.41	1725.41
所有者权益	3580.00	7160.00	10733.98	12116.68	13150.92	14261.14	15450.50	16661.45	17872.39	19083.33	20294.27	21505.22
资本金	3580.00	7160.00	10733.98	11155.38	11155.38	11155.38	11155.38	11155.38	11155.38	11155.38	11155.38	11155.38
累计盈余公积金				0.00	0.00	0.00	0.00	0.00	0.00	0.00	0.00	0.00
累计未分配利润				961.30	1995.54	3105.77	4295.13	5506.07	6717.01	7927.95	9138.90	10349.84

续表

项目名称	13	14	15	16	17	18	19	20	21	22	23	24
一、资产	24441.57	25718.98	26996.40	28273.82	29551.24	30828.65	32106.07	33383.49	34660.91	35938.32	39949.36	
流动资产总额	15626.15	17596.21	19566.27	21536.32	23506.38	25476.44	27446.49	29416.55	31386.61	33356.67	38060.34	
应收账款	936.44	936.44	936.44	936.44	936.44	936.44	936.44	936.44	936.44	936.44	936.44	
存货	1123.72	1123.72	1123.72	1123.72	1123.72	1123.72	1123.72	1123.72	1123.72	1123.72	1123.72	
现金	86.64	86.64	86.64	86.64	86.64	86.64	86.64	86.64	86.64	86.64	86.64	
累计盈余资金	13479.35	15449.40	17419.46	19389.52	21359.58	23329.63	25299.69	27269.75	29239.80	31209.86	35913.54	
在建工程												
固定资产净值	8815.41	8122.77	7430.13	6737.49	6044.86	5352.22	4659.58	3966.94	3274.30	2581.66	1889.02	
无形及递延资产净值												
二、负债及所有者权益	24441.57	25718.98	26996.40	28273.82	29551.24	30828.65	32106.07	33383.49	34660.91	35938.32	37215.74	
流动负债	1725.41	1725.41	1725.41	1725.41	1725.41	1725.41	1725.41	1725.41	1725.41	1725.41	1725.41	
应付账款	742.15	742.15	742.15	742.15	742.15	742.15	742.15	742.15	742.15	742.15	742.15	
流动资金借款	983.26	983.26	983.26	983.26	983.26	983.26	983.26	983.26	983.26	983.26	983.26	
其他短期借贷	0.00	0.00	0.00	0.00	0.00	0.00	0.00	0.00	0.00	0.00	0.00	
长期借贷												
负债小计	1725.41	1725.41	1725.41	1725.41	1725.41	1725.41	1725.41	1725.41	1725.41	1725.41	1725.41	
所有者权益	22716.16	23993.58	25270.99	26548.41	27825.83	29103.25	30380.66	31658.08	32935.50	34212.92	35490.33	
资本金	11155.38	11155.38	11155.38	11155.38	11155.38	11155.38	11155.38	11155.38	11155.38	11155.38	11155.38	
累计盈余公积金	0.00	0.00	0.00	0.00	0.00	0.00	0.00	0.00	0.00	0.00	0.00	
累计未分配利润	11560.78	12838.20	14115.62	15393.03	16670.45	17947.87	19225.29	20502.70	21780.12	23057.54	24334.96	

参 考 文 献

1. 上海市政工程设计院. 给水排水设计手册(第3册). 北京:中国建筑工业出版社
2. 北京市政设计院. 给水排水设计手册(第5册). 北京:中国建筑工业出版社
3. 严熙世. 给水排水工程快速设计手册(第1册). 北京:中国建筑工业出版社
4. 于尔杰,张杰. 给水排水工程快速设计手册(第2册). 北京:中国建筑工业出版社
5. 韩洪军,杜茂安. 水处理工程设计计算. 北京:中国建筑工业出版社
6. 范瑾初. 给水工程. 北京:中国建筑工业出版社
7. 姜乃昌. 水泵及水泵站. 北京:中国建筑工业出版社
8. 中国建筑标准设计研究所. 给水排水标准图集
9. 张自杰. 排水工程(下册). 北京:中国建筑工业出版社
10. 崔玉川. 净水厂设计知识. 北京:水利电力出版社
11. 郭功佺. 给水排水工程概预算与经济评价手册. 北京:中国建筑工业出版社
12. 中国建筑工业出版社. 建筑制图标准汇集. 北京:中国建筑工业出版社
13. 周金全. 地表水取水. 北京:中国建筑工业出版社
14. 城乡建设环境保护综合勘察院. 供水管井设计施工指南. 北京:中国建筑工业出版社
15. 严煦世,赵洪宾. 给水管网理论和计算. 北京:中国建筑工业出版社
16. 国家城市给水排水工程技术研究中心. 给水排水工程概预算与经济评价手册. 北京:中国建筑工业出版社
17. 赵建华,高风彦. 技术经济学. 北京:科学出版社

依据主要规范、规程、规定及标准

1. GBJ 13—86(1997年版)《室外给水设计规范》
2. GB 50282—98《城市给水工程规划规范》
3. GB 500015—2003《建筑给水排水设计规范》
4. GB 3838—2002《地表水环境质量标准》
5. GB 3020—93《生活饮用水水源水质标准》
6. GB 5749—85《生活饮用水卫生标准》
7. GBJ 16—87(2001年版)《建筑设计防火规范》
8. GB 50027—2001《供水水文地质勘察规范》
9. GB 50296—99《供水管井技术规范》
10. GB/T 50265—97《泵站设计规范》
11. CJJ 10—86《供水管井设计施工及验收规范》
12. GB 500015—97《给水排水管道工程施工及验收规范》
13. GB/T 50331—2002《城市居民生活用水量标准》
14. GB 50289—98《城市工程管线综合规划规范》
15. 卫法监发[2001]—161号《生活饮用水水质卫生规范》
16. GBJ 14—87(1997年版)《室外排水设计规范》
17. CJ 3082—99《污水排入城市下水道水质标准》
18. CECS 1:97《合流制系统污水截流井设计规范》
19. CJJ/T 68—96《城市排水管渠与泵站维护技术规范》
20. GB 50318—2000《城市排水工程规划规范》
21. GB 50104—2001《建筑制图标准》
22. GB/T 50106—2001《给水排水制图标准》
23. 建质(2004)16号《市政公用工程设计文件编制深度的规定》
24. 建质(2003)84号《建筑工程设计文件深度规定》

高等学校给排水科学与工程学科专业指导委员会规划推荐教材

征订号	书　名	作　者	定价(元)	备　注
40573	高等学校给排水科学与工程本科专业指南	教育部高等学校给排水科学与工程专业教学指导分委员会	25.00	
39521	有机化学(第五版)(送课件)	蔡素德等	59.00	住建部"十四五"规划教材
41921	物理化学(第四版)(送课件)	孙少瑞、何洪	39.00	住建部"十四五"规划教材
42213	供水水文地质(第六版)(送课件)	李广贺等	56.00	住建部"十四五"规划教材
27559	城市垃圾处理(送课件)	何品晶等	42.00	土建学科"十三五"规划教材
31821	水工程法规(第二版)(送课件)	张智等	46.00	土建学科"十三五"规划教材
31223	给排水科学与工程概论(第三版)(送课件)	李圭白等	26.00	土建学科"十三五"规划教材
32242	水处理生物学(第六版)(送课件)	顾夏声、胡洪营等	49.00	土建学科"十三五"规划教材
35065	水资源利用与保护(第四版)(送课件)	李广贺等	58.00	土建学科"十三五"规划教材
35780	水力学(第三版)(送课件)	吴玮、张维佳	38.00	土建学科"十三五"规划教材
36037	水文学(第六版)(送课件)	黄廷林	40.00	土建学科"十三五"规划教材
36442	给水排水管网系统(第四版)(送课件)	刘遂庆	45.00	土建学科"十三五"规划教材
36535	水质工程学（第三版）(上册)(送课件)	李圭白、张杰	58.00	土建学科"十三五"规划教材
36536	水质工程学（第三版）(下册)(送课件)	李圭白、张杰	52.00	土建学科"十三五"规划教材
37017	城镇防洪与雨水利用(第三版)(送课件)	张智等	60.00	土建学科"十三五"规划教材
37679	土建工程基础(第四版)(送课件)	唐兴荣等	69.00	土建学科"十三五"规划教材

续表

征订号	书　　名	作　者	定价(元)	备　　注
37789	泵与泵站(第七版)(送课件)	许仕荣等	49.00	土建学科"十三五"规划教材
37788	水处理实验设计与技术(第五版)	吴俊奇等	58.00	土建学科"十三五"规划教材
37766	建筑给水排水工程(第八版)(送课件)	王增长、岳秀萍	72.00	土建学科"十三五"规划教材
38567	水工艺设备基础(第四版)(送课件)	黄廷林等	58.00	土建学科"十三五"规划教材
32208	水工程施工(第二版)(送课件)	张勤等	59.00	土建学科"十二五"规划教材
39200	水分析化学(第四版)(送课件)	黄君礼	68.00	土建学科"十二五"规划教材
33014	水工程经济(第二版)(送课件)	张勤等	56.00	土建学科"十二五"规划教材
29784	给排水工程仪表与控制(第三版)(含光盘)	崔福义等	47.00	国家级"十二五"规划教材
16933	水健康循环导论(送课件)	李冬、张杰	20.00	
37420	城市河湖水生态与水环境(送课件)	王超、陈卫	40.00	国家级"十一五"规划教材
37419	城市水系统运营与管理(第二版)(送课件)	陈卫、张金松	65.00	土建学科"十五"规划教材
33609	给水排水工程建设监理(第二版)(送课件)	王季震等	38.00	土建学科"十五"规划教材
20098	水工艺与工程的计算与模拟	李志华等	28.00	
32934	建筑概论(第四版)(送课件)	杨永祥等	20.00	
24964	给排水安装工程概预算(送课件)	张国珍等	37.00	
24128	给排水科学与工程专业本科生优秀毕业设计(论文)汇编(含光盘)	本书编委会	54.00	
31241	给排水科学与工程专业优秀教改论文汇编	本书编委会	18.00	

以上为已出版的指导委员会规划推荐教材。欲了解更多信息,请登录中国建筑工业出版社网站:www.cabp.com.cn 查询。在使用本套教材的过程中,若有任何意见或建议,可发 Email 至:wangmeilingbj@126.com。